五星红旗迎风飘扬

大国利器

空 中 利 箭

空战导弹

王凯 著

陕西新华出版传媒集团

未来出版社

图书在版编目（CIP）数据

空中利箭：空战导弹 / 王凯著. -- 西安：未来出版社，2017.12（2018.10重印）
（五星红旗迎风飘扬·大国利器）
ISBN 978-7-5417-6281-9

Ⅰ.①空… Ⅱ.①王… Ⅲ.①空战－导弹－青少年读物 Ⅳ.①E824-49②E927-49

中国版本图书馆CIP数据核字（2017）第282954号

五星红旗迎风飘扬·大国利器

空中利箭：空战导弹

王凯 著

策划编辑	陆 军 王小莉
责任编辑	杨雅晖
封面设计	屈 昊
美术编辑	许 歌
出版发行	未来出版社（西安市丰庆路91号）
排 版	陕西省岐山彩色印刷厂
印 刷	陕西安康天宝实业有限公司
开 本	710mm×1000mm 1/16
印 张	16.25
版 次	2018年2月第1版
印 次	2018年10月第2次印刷
书 号	ISBN 978-7-5417-6281-9
定 价	49.80元

目录

空中利箭：空战导弹

前　言

　　空战导弹是军用飞机在战斗时所使用导弹的广义称呼。空战导弹最早起源于"二战"末期，当时已经有了可制导的空射武器。但是因为战争的进程过于迅速，这些武器没有在战场上得到充分实践。

　　20世纪50年代，空战导弹迈入了高速发展的时期。其中，用于空对空作战的空空导弹，空对地作战的空面导弹也在这一时期得到了认可。而空对舰作战导弹则因为技术的原因，发展上较前两者落后。到了60年代，人们对空战导弹的认知开始趋于统一。空中平台在作战时所使用的所有制导武器，都被认为是空战导弹。

　　自第二次世界大战这种武器出现，到现在，空战导弹已经走过了70余年的历程。在这70余年中，空战导弹从最初空中作战的普通配角，发展成为现今主导战争胜负的主角。

　　时代的进步和科技的发展改变了战争的方式，并由此促成了空战导弹的发展。空战导弹的发展，也因为战争模式的改变，而出现了不同的弹种。空战导弹的主要弹种有：近距（格斗）空空导弹、中远程空空导弹、空射反辐射导弹、空射反卫星导弹、空射巡航导弹、空射弹道导弹等。这些导弹各有所长，各司其职，彼此配合默契。

　　如果用各时期的经典战役来表达空战导弹的重要性的话，可简单概括

早期的空战历史中，没有导弹的位置

为：1950年～1953年抗美援朝战争时期，此时空空导弹的登场，填补了航炮的射程和双方交战距离的空白；1955年～1975年，美越战争时期，空战导弹迈入发展的"黄金时期"，制导炸弹和防空导弹、空空导弹一度成为战场的主角；1979年～1989年的苏阿战争，导弹武器迈入"小型化""智能化"时代，这一时期的空战导弹在体积和质量都大幅减少的情况下，战斗力却反而取得了提升。

在1982年，南大西洋风云变幻，阿根廷凭借地理优势，向英国发起了挑战。在双方激战马岛期间，阿军两架低空突防的"超级军旗"攻击机击沉了英国的"谢菲尔德"号导弹驱逐舰，空舰导弹一时名声大噪。1991年海湾战争中，多国联军在现代化的战场体系下，用导弹击败了在当时号称"世界第三军事强国"的伊拉克。战场上常有携带精确制导炸弹和对地攻击导弹的轰炸机和战斗轰炸机在E-8"联合星"战场监视机、E-3预警机的指引下对伊军地面军事目标进行精确打击，也就是说，在海湾战争时期，空战导弹已经主导了战役的演变态势，改写了战斗的模式，是战争史上的里程碑。

美国一架海军攻击机，携带空对地导弹出击

海湾战争之后到现在，空战导弹的演变除了小型化、智能化之外，还在向着多样化茁壮发展。

未来，空战导弹的发展潜力会随着科技、战略、战术的发展，进一步巩固自己在武器中的地位。即使未来新概念武器（电磁轨道炮、固态激光武器等）的广泛使用，也丝毫不会动摇空战武器的地位。

第1章 征服天空：人类航空器的出现

在征服大自然的漫长岁月里，人类翱翔于天空的愿望始终没有磨灭过。为了实现这一愿望，人们曾经历了由最初的幻想到最原始的飞行探索的过程。大自然为鸟类造就了一副完美的翅膀，远古的先人希望通过模仿鸟翼的扇动实现飞行，但没有成功；人类也试图借助"火箭"升空，但也以失败告终……这让人们领悟到要飞上蓝天，必须另辟蹊径。

1852年，法国的大幻想家、工程师亨利·吉法德，研制出了世界第一款载人飞行器——蒸汽动力的飞艇。这款载人飞艇重约180千克，最大时速20多千米。在飞艇上，有个2.2千瓦的蒸汽机带动螺旋桨为飞艇在空中提供飞行动力，蒸汽机以氢气为燃料。在飞艇下方，有一个指示漏斗，它将排出的蒸汽与燃烧的气体混合在一起，再通过简单的过滤装置，排出火花而让气体单独飘向飞艇内，让飞艇保持不变形。

1852年9月24日，亨利·吉法德在法国巴黎进行了首次的载人实验，这次短暂的飞行持续了两个小时，全程27千米。由于技术条件的限制，亨利·吉法德在空中受风力和风向的影响，几次都失去了对飞艇的控制。为了向人们证明这是一款可以机械控制的飞艇，亨利·吉法德在空中尽了自己的所能，做出转弯和绕圈

亨利·吉法德的杰作，世界第一款成功飞行的载人飞行器

的机动。

亨利·吉法德的成功，载入了飞行史册。但是对飞行器的控制，仍是人们所要面对的问题。就在吉法德成功后不久，来自意大利的赫万·布鲁斯也效仿亨

早期的飞机，充满了浪漫主义色彩

利·吉法德，自己试做了一个更小的飞艇。与亨利·吉法德的飞艇不同，赫万·布鲁斯在飞艇的两侧，安装了两块很大的"翅膀"。试飞当天，赫万·布鲁斯在众目睽睽之下，驾驶飞艇从悬崖附近开始起飞，升至200米时，遇到一股气流，使赫万·布鲁斯驾驶的飞艇失去控制，被吹下了悬崖。

赫万·布鲁斯的牺牲似乎是在宣示天空的威严，在这之后，人类对飞行器的探索，对天空征服的脚步似乎变慢了。

然而不久后，不甘平凡的人们又开始掀起了一股航空热潮。这一

飞艇和传统步兵的协作，改变了"一战"前平面的作战方式

时期最耀眼的亮点，就属德国的皇家伯爵费迪南·冯·齐柏林制造的全硬式飞艇了。

1898年6月，齐柏林伯爵在普鲁士和瑞士边境的博登湖附近的一个大棚内，正式开始设计它的飞艇。1900年7月2日，他驾驶着自己设计的飞艇，开始了首航。这次航行持续了18分钟，航迹覆盖了博登湖的一半。这艘代号为"Lz-1"的飞艇，有两个金属吊篮悬挂在飞艇前后下方，每个吊篮装有一台由戴姆勒和奔驰研制的10千瓦四缸水冷柴油机，每个柴油机后都有一个长柄控制，长柄直连艇体两侧的螺旋桨。而飞艇的俯仰角度，则是借助艇体下方移动式悬挂重物控制。若要向前下俯，重物便会移动到前部。但是，Lz-1没有设计俯仰控制的升降器或者用于保持稳定的腹鳍。

Lz-1虽然首航成功，但是也暴露出了相当多的问题。其中最让齐柏林伯爵头疼的就是Lz-1超重的问题。由于超重，发动机所提供的功率甚至不足以抵抗微风的袭扰。其次是技术问题。飞艇缺少垂直稳定翼、滑动系统堵塞，解决这些问题

齐柏林伯爵在博登湖研制的Lz-1全硬式飞艇。它的表面由橡胶织物构成，艇内空间399000立方英尺（11298.4032立方米），如此大的空间中，绝大部分都是氢气

就必须取消俯仰控制的重物。由于Lz-1的研制资金都是由普鲁士军方支持的，所以面对这些问题，普鲁士军方要求齐柏林伯爵继续改造Lz-1。

在技术不足以支持，资金短缺的情况下，齐柏林伯爵变卖了自己的家产，并向社会的名流绅士发动募捐。最终，在5年后，改进型Lz-2研制成功。这个经由齐柏林伯爵呕心沥血制造的飞艇，承载着的不仅仅是几个人、几个机构的心血，而是汇聚了一群人的梦想及对遨游天空的渴望。

在艇体设计上，原Lz-1的三角梁支撑结构在支撑艇面时，容易出现"内凹"，使用这种脆弱的管梁也是因为动力不足而做出的妥协。Lz-2在这方面，则改进了许多。设计师路德维希特意设计了一种内部稳定钢架，艇内的各支撑点相连，材料也选用较好的钢材，可以保证足够的强度。

不幸的是，在首次试航时，由于一台戴姆勒发动机的机械故障，飞艇瞬间变得非常不稳定。雪上加霜的是，在突如其来的一场风暴中，闪电击中了庞大的Lz-2（推测应该是艇上的管线引来

韧性更强，框架更钢的Lz-2。Lz-2在Lz-1的基础上，换装了两台59千瓦的戴姆勒柴油机。更大的功率意味着更强的机动性，这使得Lz-2可以抵抗微风的袭扰

飞艇的艇体在飞行时，要尽量保持稳定。若内凹，则有可能发生空中事故。赫万·布鲁斯的飞艇就因为艇体被风吹得变形，内部支撑架构被打乱，才导致坠毁的。

燃烧的烈火不仅仅烧毁了飞艇,也煎烤着齐柏林伯爵和他的团队成员那探索的心

的雷电),一夜之后,Lz-2只剩下一副"骨骼"。

事故发生后,报社争相报道齐柏林伯爵的惨况,刹那间社会各界人士都将目光聚焦到齐柏林飞艇上。

就在人们怀疑人类是否可以翱翔在天空时,一家报社写了一篇名为《像上帝那样翱翔,齐柏林的梦》的文章,从幻想家的角度,带人们走进了一个航空世界,"与鸟儿肩并肩,在比山还高的高度,俯视自己的土地……"这篇文章在各界引起了反响,渐渐地,许多人出资出力一起为齐柏林伯爵实现他的梦助力。

有了充足的资金和人力资源,齐柏林伯爵又开始筹划Lz-3和Lz-4的建造设计工作。由于有了Lz-1和Lz-2的设计经验,天才一般的齐柏林在Lz-3和Lz-4上获得了巨大的成功,突破性地采用了大型水平尾翼和升降舵,这两个设计为飞艇带来了更强的稳定性和更大的俯仰角度控制,而且还为飞艇带来了额外的升力。Lz-2上被诟病的发动机可靠性也得到了绝佳的改善,戴姆勒柴油机未再出现任何机械故障,两台发动机提供的大功率使得飞艇有较大的载荷和速度,航程也有了提升。自此，一个属于航空的"侏罗纪"时期开始了，庞然大物们飞翔在天空，那时候，刚刚出现的飞机只是它们的配角，那是人类第一个航空时代——飞艇的时代。

1908 年 7 月 1 日，Lz-4 在瑞士进行了长达 12 小时的飞行测试，一举打破了当时的飞行记录。消息一经传出，就引起了社会各界的强烈反响和轰动。当这一飞行被普鲁士国王威廉二世获悉时，他立马决定要在 7 月 3 日和妻子一同登艇飞行。

当威廉二世国王从艇上走下时，对着齐柏林许诺，若飞艇能保持 24 小时的不间断飞行，那么普鲁士政府将会保证项目的资金充足。这个承诺对于齐柏林来说，的确是一个意外的惊喜，他当即答应接受这个挑战。

1908 年 8 月 4 日，齐柏林驾驶飞

正在准备挑战 24 小时不间断飞行的 Lz-4。虽然初次挑战以失败告终，但是齐柏林凭借着坚定的信念，在第二次挑战时获得了成功

Lz-4 的钢架结构，可以看到它巨大的龙骨和尾翼

艇离开博登湖，开始了24小时不间断飞行的挑战。

Lz系列飞艇的成功，让齐柏林得以在普鲁士航空运输公司下成立一个分公司，收取高额运输费，承担旅客、货物的输送。然而，在看似造福于民的背景下，普鲁士军方还是将其投入了战争。

1.1 被迫出战：早期的航空作战

第一次世界大战时期，飞艇被投入战争，扮演着"侦察""轰炸""运输"等任务。其中，侦察和运输，是比较适合飞艇执行的任务，因为远离战场，低速而庞大的飞艇的生存力就得到了保障。然而，战场指挥官有时仍不顾危险，让飞艇投入到轰炸的任务当中。不过所幸的是，这一时期的飞行器，包括反飞行器的武器，都还是不成熟的。所以，"一战"初期，飞艇的战损率并没有超出交战方难以接受的范围。

第一次世界大战在空中的战斗，堪称一场云端天际的浪漫战舞！那是人类历史上第一次走进三维的战争世界，第一次感受到了机械化战争的无穷威力！

这场战争，让远离欧洲大陆的英国也受到战火的波及。这也就如英国史学家所说，第一次世界大战是英国第一场"全面战争"，一个涉及平民和军队的全面战争。而让英国陷入该战争模式的，正是德国的飞艇部队。

1914年，德国有数支飞艇部队，每个飞艇每天可以飞行136千米，并且还可以携带两吨重的自由落体炸弹。由于西线的战局陷入僵局，德国和英国都已无力再组织大规模的反击。所以，这些飞艇部队就被投入到袭击英国本土的战略构想当中。

派遣飞艇去袭击英国本土，是德国的海军和陆军参谋长的一致意见，毕竟在海上和陆地，战况已陷入焦灼，双方皆损失惨重，即使是构建一条防线，都变成了空想。上将伐谋，让飞艇去袭击英国本土，在英国国内制造民众的恐慌，打击英国的士气，可能会得到意外的收获。

德国飞艇部队的航行路线是从德国西海岸沿着北海一路西行。随后，跨过英吉利海峡，直达英国本土。在伦敦被首次轰炸时，英国人都还没有搞清原委，而对于飞艇的防范措施和拦截手段，英国也长时间没有拿出行之有效的方案。按照现在已解密的英国时任首相的文件，英国当时的防御工事对于飞艇毫无办法，因为枪支的射高完全不足以威胁飞艇的航行，火炮也无法高射防空。就这样，英国人民和军队在战火和恐慌当中，坚持了数年的时间，英国军方急切地寻找着解决的办法。

1916年，情况突然出现了转机。英国国防委员会相继出台了多项政策，以拦截肆虐的德军飞艇部队。这些政策主要是：城外的防御工事和野战工事配备"气球炮"（高射炮的雏形）和探照灯。战斗机联队升空，用后置机枪射击体积庞大且行动缓慢的飞艇（飞艇内部的氢气易燃）。重点防护城市

伦敦上空的阻塞网。这种阻塞网在第一次世界大战和第二次世界大战都有着良好的表现

一幅描绘英国防空部队击落德军飞艇的油画。地面的探照灯部队在为"气球炮"、战机指引目标,空中的战斗机用尾部机枪击穿飞艇引发艇内氢气燃烧

"一战"珍贵的老照片,两位英国妇女黯然神伤地望着一片废墟,这里曾是她们温暖的家

升起阻塞气球,多个阻塞气球若紧邻,则可以在中间拉开一张网。这种手段主要是限制飞艇的机动空间。

此外,为了提高各阵地和防空部队的通信,保障各部队协同作战,英国还特意设置了一个名为"中央通信总部"的机构。该机构除了协调各部队的部署和作战外,还和英国的情报部门携手,防范德国飞艇可能发起的袭击。在这些措施的打击下,飞艇的生存成了一个大问题,而且在战斗当中,英国防空部队发现,飞艇在面对炮击时,生命力相当脆弱,即使是内部的支撑结构足够强也难免起火。随后,德国研究部门开展了类似的研究,发现飞艇在炮击时,外皮很容易破裂,氢气易燃的本性也暴露无遗。当时在英国的上空,每每有巨大的火球掉落时,就意味着一架飞艇的坠落。

随着飞艇部队生存状况愈发不乐观，德国高层于1917年取消了所有的飞艇空袭计划，这场看似德国胜算更大的空战，就这样宣告收场。但是对于战胜的一方英国来说，这场战争也是惨胜，因为有1500多名英国市民在这场战争中丧生，600多名市民受了不同程度的伤，400多间房屋被炸毁。

1.2 强力出击：“二战”中的航空作战

“二战”时期的主要战区，可以大略划分为：中日远东战场、美日太平洋战场（该战场还活跃着类似澳大利亚、新西兰等国家）、多国欧洲战场（东欧的苏德作战以及西欧的战事）、美英为首的对德意两国的北非战场。

1940年5月，德国以“闪电战”的形式悍然入侵法国，法国人倚重的“梦幻的马其诺防线”在这场战役中，除了“牵制住了”小部分的德军外（与其说牵制德军，倒不如说是被德军牵制），便没有再发挥其他的作用。直到法国战败前夕，马其诺防线内的部队都始终未突围，仍旧在这片硝烟并不浓烈的地方“坚守”。同年5月底，40多万英法联军溃败后被堵在敦刻尔克的沙滩上。这时的英法联军，已无力回天，前有德军重兵围堵，后面则是白浪滔滔的英吉利海峡。

为了拯救这40多万的军队，为日后的反击保留有生力量，英国展开了一场大规模的拯救行动。这次行动的代号为“发电机计划”，通过大量的军民运输船，将人员撤至英国本土。作为一场意义重大的战略撤退，敦刻尔克大撤退成功地拯救了40多万将士的生命，但是也意味着西欧地区，盟军的势力范围已经缩小到了不列颠和爱尔兰两个岛的范围内。除了势力范围被严重挤压之外，大量的重型装备（坦克、防空炮、战斗机、来不及撤离的舰艇等）都被德军缴获，大批工业设备和资源也被德军所掠

从马其诺防线出动的联军士兵

取。此时欧洲正经历着反法西斯战争最艰苦的一段时间，美国未参战，苏联在积蓄实力。其他战区的盟军也在收缩防御区（例如北非战场和亚洲战场）。

占尽上风的德国纳粹并不满足既得的利益，为了"净化"西欧，稳定后方，希特勒想趁着还未和苏联开战，先把英国击败，然后再专心对付苏联。为了彻底征服英国，从根本上杜绝英国这个后患，希特勒发动了极具针对性的"海狮行动"。

"海狮行动"是一项针对英国而制订的打击计划，计划第一步就是先由德国空军摧毁英国的防空部队、岸防部队和战斗机航空联队。当这些部队被重创或者失去战斗力后，德国海军和陆军将会登陆英国本土，摧毁英国人的抵抗意志。作为计划的第一步，德国空军的发挥将起到关键作用，因为它决定着"海狮计划"的成败。

"海狮行动"中的德军

为了打好第一仗,赫尔曼·戈林投入了各类战机约600余架。这个数字是什么概念呢?相当于英国空军可用战机的两倍还要多。差距如此大,用时任英国首相温斯顿·丘吉尔的话说:

我们将在沙滩上与他们(德国纳粹)作战,我们将在战场上和他们作战,我们将在战场和街上与他们同时作战,我们将在山里和他们作战,我们绝不投降。(1940年6月3日)

法国战役结束了。我期待英国之战(亦为不列颠之战)的开始,敌人的愤怒和力量很快就会转向我们。因此,就让我们做好履行我们职责的准备,如果大英帝国持续一千年,人们会说:"这是他们最好的时刻。"(1940年6月18日)

在人类战争史上,从来也没有一次像这样,以如此少的兵力,取得如此大的成功,保护如此多的众生。(1940年8月20日)

从1940年6月到10月,几乎每一天,英国空军和德国空军都会进行战斗。双方都竭尽全力地更新战机:英

丘吉尔是英国历史上最为著名的首相,由于在第二次世界大战中力挽狂澜,救大英帝国人民于水火之中,所以他的别称又叫"不列颠铁人"

被轰炸之后的伦敦

第1章 危险天空:人类航空器的出现

国空军更新了初具优势的喷火战斗机和飓风战斗机；德国空军装备的则是斯图卡俯冲轰炸机、梅赛施密特战斗机和海因克尔轰炸机。

从战机性能来看，英国此时已经获得了战机技术上的些许优势，至少可以正面和德国空军一较高下了。另一方面，陆基雷达站的出现让英国飞行员们获得了情报方面的优势。通过雷达，英国能提前获知德国飞机的来袭，并做好拦截准备。

随着战役的焦灼化，丘吉尔开始向国际社会求助，号召国际社会一同打击、抵抗法西斯的侵略。这一时期，国际社会上出现了很多以政府或者个人的名义投入到不列颠空战的飞行员。虽然很多飞行员没有被史册记载，但是他们为人类反法西斯战争胜利所做出的贡献将永载史册。

战后，人们初步统计了不列颠空战双方的战损。英国损失了357架喷火战斗机、601架飓风战斗机、53架布伦海姆轻型轰炸机，74架因无法辨认而归为"其他"。也就是说，英国在不列颠空战共损失1085架飞机。

与英国相比，德国空军的损失要惨重得多。梅赛施密特BF-109战斗机损失了

英国皇家空军装备的喷火战斗机

533架，梅赛施密特BF-110战斗机损失了229架，容克JU-88战斗机损失了281架，道尼尔DO-17轻型轰炸机171架，HE-111轰炸机损失了246架，亨克HE-115水上飞机损失了28架，亨舍尔HS-126炮兵校射飞机7架，亨克HE-59鱼雷轰炸机31架。此外，还有46架无法辨认的飞机。整场大战，德国空军从原先投入的600多架飞机涨到了数千架，最终损失了1572架飞机。

西欧战场除了主要参战的英德两国外，其他国家的飞行员也介入其中。据统计，英国阵营的飞行员损失（战死）为：

飓风战斗机

德国纳粹空军装备的BF-109战斗机

被飓风战斗机"追尾"攻击的BF-110战斗机

英国空军339人（参战总人数为1822人）、英国海军航空兵9人（参战总人数为56人）、澳大利亚14人（参战总人数为21人）、加拿大20人（参战总人数为88人）、新西兰11人（参战总人数为73人）、南非9人（参战总人数为21人）、南罗德西亚（英国在非洲的一个殖民地）0人（参战总人数为2人）、爱尔兰0人（参战总人数为8人）、美国1人（参战总人数为7人）、波兰29人（参战总人数为141人）、捷克8人（参战总人数为86人）、比利时6人（参战总人数为26人）、自由法国0人（参战总人数为13人）、犹太自由联军0人（参战总人数1人）。

德国方面的飞行员损失则比较直观，轰炸机机组战死1176人、斯图卡轰炸机机组战死85人、战斗轰炸机组战死212人、战斗机飞行员战死171人，共计1644人。

第2章 科技前沿:世界著名空战导弹

经历过航空历史的起始阶段后，经过长期的发展，空战导弹开始成为主宰天空的主角。目前世界著名的空战导弹自主研发国家主要是中国、美国、俄罗斯、英国、挪威、法国、日本、韩国、以色列、德国、瑞典、丹麦等。其中，研制水平能达到世界顶级水准的国家，却只有中国、美国和俄罗斯。

2.1 空中的生死较量：空空导弹

空空导弹是现代战争中战斗机所携带的主要的对空作战武器。一般而言，空空导弹大体由6个部分组成，即：导引头（多种制导设备和电子战设备组成的制导系统）、飞控系统（姿态控制系统、导航系统、通信系统等）、战斗部（目前主要是动能战斗部和爆破战斗部）、能源系统（负责导弹运行所需的燃料和电力）、弹体（弹翼和本体）、推进系统。由于各时期的要求和各项技术水平的发展，部分导弹还设有弹载小型计算机，以满足数据处理的需求。

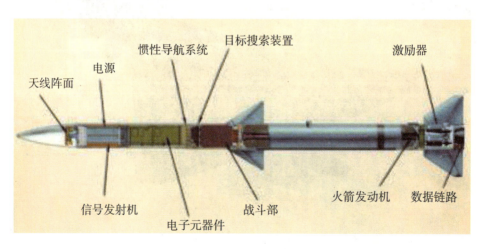

一款典型的空空导弹结构剖图。天线阵面、信号发射机、电子元器件、目标搜索装置、激励器属于导引部。惯性导航系统既属于导引部，也属于飞控系统。数据链路是通信系统，用于导弹和飞机之间的通信

自第一代空空导弹服役以来，空空导弹历经了80余年的发展，如今的空空导弹家族庞大，按需求划分，则可划为近距格斗所用的近距空空导弹，中近程打击/拦截所用的中程空空导弹，用于超远程反体系/截击的远程空空导弹。

2.1.1 骑士的短剑：美国AIM-9系列导弹

自20世纪50年代，首枚AIM-9导弹试射以来，AIM-9导弹家族走过了风风雨雨近70年。在这近70年的光阴当中，AIM-9导弹前后衍生了多个改进型号。国外近距空空导弹，大多也是以AIM-9导弹为技术标杆（或者作为技术目标）衍生的。

起源：AIM-9B导弹

AIM-9B导弹是AIM-9家族首款服役的型号。20世纪50年代初，美国海军武器中心（NWC）计划发展一款用于拦截轰炸机的远程精确打击武器（对于那个时候人们的观念来说，远于机炮的射程都是远程），计划配用平台是美国海军舰载机。这项计划和此前威廉·麦克莱恩所提出的一种"寻热火箭"不谋而合。麦克莱恩所设想的寻热火箭就

AIM-9导弹家族发展族谱（其中AIM-9A并未投产，仅仅是实验型号）

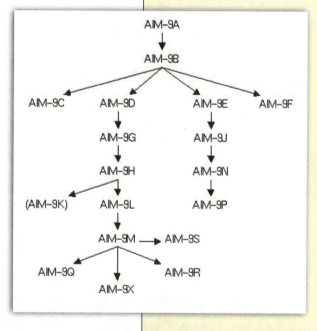

是：用一种特殊材料构成的导引组件，通过搜集周边的热源信号"主动"接近目标的一种火箭装置。麦克最早于1946年提出该系统的概念，随后又在美国加州的因纽肯市进行了首次的实验。不过由于情况特殊（这项实验并不是美国官方形式的实验，所以政府没有对其进行拨款），这次实验仅仅是一次"民间行为"。

1951年，美国政府给麦克抛来了橄榄枝，表示美国政府对他的研究很感兴趣，希望能够介入麦克的研究，为美国军队提供一款行之有效的武器系统。如此珍贵的机会，麦克没有错过，向美国政府表示了极大的合作兴趣。就这样，麦克研发的寻热导弹系统正式步入发展的正轨。

麦克和他的作品。麦克的成功，开拓了一个崭新的时代，一个从航炮转向导弹的时代

AIM-9B导弹主要由导引头、战斗部、火箭发动机、弹翼和舵面五部分组成。导引头由红外弹罩、反射镜（主次和支撑三片）、红外搜索系统组

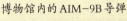

博物馆内的AIM-9B导弹

成。当机载雷达探测到目标后，AIM-9B导弹就会发射，离开载弹平台后，导引部会搜索探测目标（也需要载机提供火控指令）。当导弹跟踪到目标的红外热源后（这时导弹

会发出声响，表示已跟踪到了目标），AIM-9B导弹就会贴上去（通过控制舵面转向），接近或者击中目标后就会爆炸（触发引信或者近炸引信）。爆炸之后会产生1300枚小型破片，杀伤半径约9米。

名称：AIM-9B导弹

导引头：红外搜索导引

动力系统：固体火箭发动机

战斗部：破片式战斗部（装药5 kg、破片1300枚）

引信：红外近炸引信或触发引信

速度：1.6 Ma（低空）2.5 Ma（高空）

射程：3.4 km（高空）2.0 km（中空）1.1 km（低空）

使用升限：15 km

AIM-9C导弹

AIM-9C导弹是美国海军特意为F-8舰载机研制的一款截击空空导弹。该型导弹于1955年开始研制，与B型最大的不同就是导引头由红外搜索导引换成了半主动雷达导引。

此外，在越南战争时期，美国海军舰载机联队受困于越南防空部队SA-9地空导弹的袭扰，便在AIM-9C导弹的基础上，改装了一款反辐射导弹（代号为AGM-122），供AH-1之类的武装直升机使用（A-4攻击机也可

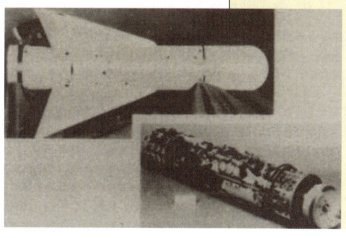

AIM-9C导弹改装的反辐射导引部

以使用）。这个改装是反辐射导弹家族的启蒙，为日后的反辐射导弹发展打下了坚实的基础。

从服役时间和技术上来看，AIM-9C导弹的半主动雷达导引体制要远远领先于同时期的苏联装备。这种第一代的半主动雷达导引体制比较简陋，F-8舰载机挂载后只能做到简单的搜索打击，末端导控需要飞机不停地照射和引导才能做到命中，所以仅仅生产了1000余枚。

名　称：AIM-9C导弹
导引模式：半主动雷达导引
战斗部重：11.3 kg
实用升限：25 km
射程：3 km~9 km
最大速度：2.5 Ma（高空）
动力系统：固体火箭发动机

AIM-9D导弹

AIM-9D导弹的推出时间和AIM-9C导弹相差不远，是同一年进入部队服役。由于二者都是在AIM-9B导弹的基础上改进而来，所以二者除了导引头不同之外，其他地方皆一样。

与AIM-9C导弹相比，AIM-9D导弹的作战效果要好得多。该型弹摒弃了半主动雷达导引的理念，采用了灵敏度更高的氮气制冷红外导引。1962年到1965年，美国共生产了12000枚AIM-9D导弹。

AIM-9D导弹由导引部、战斗部、近炸引信（红外型和射频型两种）、火箭发动机、弹翼、控制舵组成。其中，引信又包括了安全装置、目标探测装置、保险解除装置。而红外型和射频型的近炸引信，是可以临时换装的，也就是说这是类似模块化的设计。

名　称：AIM-9D导弹
射程：3.4 km

速度：2.5 Ma

实用升限：25 km

导引部：红外搜索导引

战斗部重：11.3 kg

动力系统：固体火箭发动机

AIM-9E 导弹

AIM-9E导弹是美国空军在AIM-9B导弹的基础上，通过改装导引头而得来的。该型弹于1969年停产，共生产了5000枚。

这款导弹的基础，完全是建立在AIM-9B导弹之上，或者说就是AIM-9B导弹的

AIM-9E 导弹

小幅度改进版本。在导引头上，以硫化铅探测器取代了过去的反射镜体系。这个措施有效改善了AIM-9E导弹的跟踪速度和视角。

名称：AIM-9E导弹

最大速度：2.5 Ma

射程：4.2 km

导引模式：被动红外引导

引信：红外近炸引信

动力系统：固体火箭发动机

AIM-9F 导弹

AIM-9F导弹是AIM-9B导弹更换导引头后的联邦德

国版本。通过换装联邦德国研发的FGW Mod2被动红外导引头，提高了搜索精度和视角。该型弹于1966年开始实验，1969年投产。

名称：AIM-9F导弹

射程：3.7 km

速度：2.2 Ma

导引部：被动红外引导

引信：红外近炸引信或者红外触发引信

战斗部：高能破片

动力系统：固体火箭发动机

AIM-9J导弹

AIM-9J导弹是AIM-9B导弹和AIM-9E导弹的升级版本。该版本采用了部分固体电路技术，还装有光学探测系统。AIM-9J

AIM-9J导弹

导弹于1975年投产，共生产了10000枚。

名称：AIM-9J导弹

射程：14.5 km

速度：2.5 Ma

导引部：被动红外引导

动力系统：固体火箭发动机

AIM-9G导弹

AIM-9G导弹是AIM-9D导弹的增程版本，具有一定的离轴发射能力。自1970年装备美国空军，共生产了2000余枚。

名称：AIM-9G导弹

射程：17.7 km

速度：2.5 Ma

实用升限：25 km

导引头：硫化铅光敏元件制作的被动红外引导

动力系统：固体火箭发动机

F-4战斗机机翼下的AIM-9G空空导弹

AIM-9H导弹

AIM-9H 导弹是 AIM-9D导弹固体电路版本，改善了最小交战距离的不足。自1970年装备以来，共生产了7700枚。

名称：AIM-9H导弹

射程：17.7 km

速度：2.5 Ma

导引头：被动红外引导

动力系统：固体火箭发动机

AIM-9N导弹

AIM-9N导弹是美国海军在AIM-9J导弹的基础上改进而来，使用了固体电路技术和主动式光学探测系统。此外，引信也做了进一步的改进，提高了可靠性。

名称：AIM-9N导弹

射程：12.7 km

速度：2.5 Ma

制导系统：被动红外引导

动力系统：固体火箭发动机

AIM-9P导弹

AIM-9P导弹是一款AIM-9系列出口型。该型弹自1979年起开始升级生产，成品已有26000多枚，目前仍在多个国家服役。

名称：AIM-9P导弹

射程：16 km

速度：2.5 Ma

动力系统：消烟固体火箭发动机

引信：激光近炸引信

AIM-9L导弹

AIM-9L导弹与其他型号的AIM-9系列导弹相比，是一款跨越型的导弹。该型导弹确定了"联合生产"的概念，也就是说由多国共同完成导弹的改进和生产。也因为汇聚了多国的技术结晶，使得AIM-9L导弹实现了真正意义上的近距格斗和迎头作战能力。

AIM-9L导弹由导引头、战斗部、弹翼+尾翼、动力系统、供能系统等硬件组成。以锑化铟代替了过去的被动红外元器件，提高了寻热系统的耐热问题。

在贝卡谷地、英阿马岛战争当中，AIM-9L导弹的威名

AIM-9L模型导弹

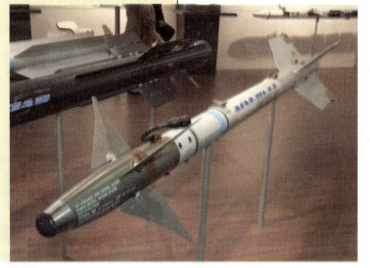

可谓是响彻云霄。先后在这两场战争里击落了苏制米格-23战斗机和幻影战斗机。1982年，以色列飞行员在贝卡谷地驾驶美制F-15和F-16战斗机与叙利亚空军的苏制米格-21和米格-23战斗机发生空战，以色列空军凭借单机的性能优势，在米格-21和米格-23的视距外，发射了数枚AIM-9L导弹，先后击落数架苏制战机。这一战奠定了以色列空军对周边国家的优势，也证明了AIM-9L导弹是一款性能良好的先进导弹。经过数场战争的检验，锑化铟基底的导引材料成为日后弹载导引器材新的发展方向。

名称：AIM-9L导弹
射程：18.53 km
速度：2.5 Ma
使用高度:15 km
导引头：被动红外引导
动力系统：固体火箭发动机

AIM-9M导弹

AIM-9M导弹是AIM-9L导弹的升级改进型，主要是提高了沙漠环境下导弹的抗干扰能力。沙漠环境昼夜温差大，低空格斗的导弹易受炎热气候的干扰。

一枚AIM-9L导弹因气候干扰，导弹直接飞向坦克尾部附近

名称:AIM-9M导弹

射程:18 km

速度:2.5 Ma

最大使用高度:15 km

导引头:被动红外引导

动力系统:固体火箭发动机

AIM-9X导弹

AIM-9X Block I导弹全貌

AIM-9X 导弹是美国空军于2000年前后开始研制的新一代近距空空导弹。自2003年形成作战能力以来，先后进行了多项改进。AIM-9X导弹在设计上，继承了AIM-9M/L导弹的锑化铟阵面技术（红外线传感器多元阵面，规格为128×128）。除了导引体制的改进之外，导弹的弹药、机身、气动都是经过重新设计而来。推进部分，AIM-9X导弹也加进了TVC（推力矢量控制）技术，使得它具备了大离轴的攻击能力。

到了Block II版本的AIM-9X导弹，又添加了新的点火

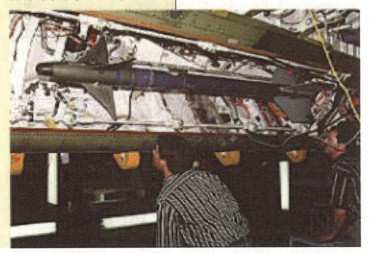

LAU-141/A导轨将AIM-9M伸出，可以清晰地看到，F-22的侧弹舱是如何工作的

系统（固体燃料发动机），使得 AIM-9X Block II 导弹的点火安全装置实现了自动化。母机和导弹之间的数据通信链路也由指令改为数据链。

Block III 则进一步升级战斗部和固体火箭发动机，使它的威力提升了60%。

作为第四代导弹，它也被作为第四代战斗机的标准配备而研发。为了满足F-22战斗机的使用需求，AIM-9X导弹在设计之初就考虑到了日后F-22战斗机的使用等问题。

F-22战斗机格斗弹舱很小，容纳大体积或者不可折叠弹翼的导弹，显然有难度。为此，AIM-9X导弹将尾翼和控制翼面动作的弹翼，都改小了许多。其中，将弹翼挪至后部，因为F-22战斗机弹舱后部空间更大。

名称：AIM-9X导弹

战斗方式：全向攻击

离轴角度：90°

射程：16 km

速度：3 Ma~4 Ma

制导方式：红外成像

动力系统：固体火箭发动机+TVC（推力矢量控制）

经过四代发展，AIM-9导弹家族目前的

F-22侧弹舱一览。由于装弹形式不同，格斗弹前部必须要做到很小

阵容可简单概括为：

第一代：AIM-9B导弹（以及验证的AIM-9A）

第二代：美国海军AIM-9C/D/G/H导弹；美国空军的AIM-9E/J/N导弹；国外改进的AIM-9F导弹

第三代：AIM-9L/M/S/R/P导弹

第四代：AIM-9X Block I～III导弹

2.1.2 编队长枪：美国AIM-120系列导弹

之所以将这种导弹冠以编队长枪的名号，在于这种导弹在作战中，主要以飞机队列为载体，在中远距离上发射，超视距发动攻击，作战手段类似于过去的长枪阵列，齐头并进，组织导弹火网，打击当面之敌。

AIM-120系列空空导弹是美国于20世纪70年代开始发展的一款先进中距空空导弹。这个时期，是美国论证未来战争的黄金时期，多项武器系统都是在此时开始的概念论证工作。其中比较著名的有：DDG-51"阿利·伯克"级导弹驱逐舰，DDG-1000"朱姆沃尔特"级导弹驱逐舰等，这些武器系统都旨在能够满足未来三十年的使用需求。

1975年，AIM-120导弹开始概念论证工作，项目由美国空军和美国海军牵头。美国军方对其使用要求是：能满足5.6千米~74千米内的作战需求；能与多国现役战机兼容，并对未来的敌方战机形成优势。项目主要参与研发国有美国、英国和联邦德国。

AIM-120导弹有三种发射方式：

1. 无干扰的正常发射

战机在作战时，机载火控雷达没有被对方电子战系统所干扰（或者说作战空域没有电磁干扰），雷达正常搜索跟踪目标并发射导弹。

2. 机载雷达跟踪干扰源发射

对方主动电磁干扰时，我方机载火控雷达被动跟踪对方的主动信号，并发射AIM-120导弹予以打击。

3. 目视发射

即飞行员目视看到了目标（雷达没有跟踪到目标的情况下[注]），战机直接发射导弹打击目标。

赋予AIM-120导弹目视发射能力的，是它的引导体制。由于AIM-120导弹采用的是主动雷达引导体制，在攻击时可以根据战场环境选择避开中段指令制导而直接进行末端自主引导。这种能力现今可简单概括为"发射后不管"。也就是说，无须机载火控雷达照射，导弹本身就可以完成末端的搜索和打击。

除了发射后不管能力外，AIM-120导弹还有以下的几个优点：

1. 多目标打击能力强

火控雷达可采用轮流照射的引导体制，一次性引导多枚导弹打击目标。这样既不会给对手喘息的时间，也能提高自身的生命力。

2. 拦截作战性能强

战争演变至截击作战时，敌方轰炸机或者攻击机会选择以低空飞行的方式，躲避雷达和导弹的搜索。AIM-120导弹可用过载大，射程远，速度快。在低空拦截作战时，仍能保持足够的战斗力。在迎头打击时，导弹还能保持1.8马赫~2.3马赫的速度并飞行25千米~30千米。相对于过去的AIM-7"麻雀"导弹来说，是一个跨越。

AIM-120A导弹

AIM-120A导弹是AIM-120导弹家族首先服役的型号。1991年，进入

【注】过去的机载雷达在搜索目标时（至今多数雷达仍如此），都是按照"角度"搜索。比如夹角60°、40°、30°。当雷达在视角内没有看到目标，那么即使目标再近，也不会显示在屏幕内。所以加入该能力，是一种弥补。

美国空军服役。1993年，进入美国海军服役。首批次产量3500枚。

该型弹由导引头、战斗部、弹翼和尾翼、功能系统、动力系统、控制舵六部分组成。导引头内装有雷达天线罩、弹载平板缝隙雷达、电子元器件、惯性基准装置、目标探测装置、电池组、线束、敌我识别天线。弹载雷达在末端开机搜索时（也就是脱离载机照射），能够有效搜索范围10千米的目标。

在战斗部内，装有高能炸药和四个雷达天线，一个触发引信。天线的作用更接近电路，控制引信。接近目标或触及目标时，引信将会被引爆。

在后部的动力系统中，有一个两级高推力的固体火箭发动机。内部装有四个锂铝热电池，一个数据链天线和尾烟抽离装置。两级燃料推进相比过去的导弹有了不小的提高，连带的速度和射程都有效地超越了过去的AIM-7"麻雀"导弹。

中段的制导部装有一个惯性捷联制导仪器，由弹载信号处理机完成对信号的分离，频率分解，信息解读。目标的速度、距离、高度等三维信息也是通过该机器传输给导弹。此外，制导部位还容纳了电子对抗系统和目标识别系统，在末端可有效地抵抗来自敌机的电子干扰。

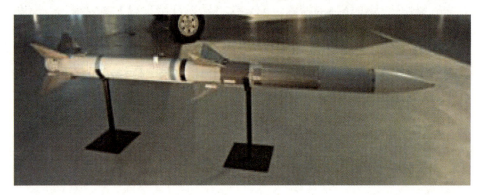

AIM-120A空空导弹

名称：AIM-120A导弹

动力系统：两级助推固体燃料火箭发动机（燃料60 kg）

制导系统：末端主动雷达＋捷联惯性制导系统

射程：55 km（低空）75 km（高空）

速度：4 Ma

战斗部装药：23 kg高能破片

引信：FZU-49/B引信

AIM-120B 导弹

AIM-120B导弹是在AIM-120A导弹的基础上，经过重新编程ROM、五组电子元件升级、换装新数位处理器之后提出的一款改进型防空导弹。A和B两者在外观、内载系统上都没有差异。但是比较可惜的是，自1996年F-22战斗机项目正在火热研发时，美国空军就希望能够将AIM-120B塞进F-22的内置弹舱，但是由于体积太大，弹径太长，F-22战斗机装纳不下，所以美国空军又转手开始研发小直径版本的AIM-120改进型。这次的擦肩而过也是AIM-120A/B的一个遗憾。

AIM-120C 系列导弹

AIM-120C系列共有多个衍生型号，主要就是AIM-120C-4、AIM-120C-5、AIM-120C-7。而这些型号在服役当中，也会接受一些中期升级，

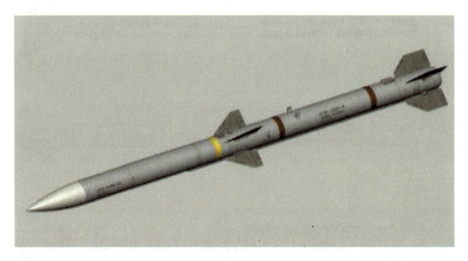

AIM-120C-4空空导弹全貌。除了AIM-120C-5之后的型号改变巨大外,之前型号都是细节处的修改

升级过的型号通常按照标准定义为：AIM-120P3-IP3 和 AIM-120P3-IP4。

AIM-120C-4是首款为F-22战斗机量身打造的中距空空导弹，这个版本的空空导弹通过缩小翼面面积，缩小弹径而获得了塞进F-22内置弹舱的可能。

而至于AIM-120C导弹众多改进型，则可以简单概括为：

AIM-120C-4：战斗部威力增强，可内置于F-22的弹舱。

AIM-120C-5：固体火箭发动机升级，改进了燃料；制导部也做了小型化处理；电子对抗设备（ECCM）也相应做了提升。

AIM-120C-6：导引头的目标探测装置（TDD）升级。

AIM-120C-7：更新雷达天线，感应电机也做了改良；目标探测装置也做了强化，数据链路进行了更换。该型导弹是AIM-120C家族中最强的一款。

AIM-120A

AIM-120B

AIM-120C-4/5/6

AIM-120C-7

名称：AIM-120C-7导弹

弹长：3.65 m

弹径：178 mm

最大射程：100 km

最大速度：4 Ma

制导系统：捷联惯性制导+数据链（中段导引）+主动雷达（末端）

AIM-120D导弹

AIM-120D导弹和AIM-120C系列导弹相比，改进裕度非常大。通过加装双向数据链、GPS导航系统、扩大不可逃逸区、强化大离轴攻击能力、增加有效射程、强化电子对抗性能、增加抗干扰系统模块。通过这些设备的开发，AIM-120导弹从三代直接跨至四代。

名称：AIM-120D导弹

射程：160 km~180 km

速度：4 Ma

战斗部：18 kg高爆破片

动力系统：高性能可控发动机

制导模式：GPS制导+双向数据链（中段）+主动雷达（末端）

2.1.3 灵巧的"麻雀"：美国AAM-N-2/AIM-7系列中距离空空导弹

"麻雀"导弹开山之作："麻雀"Ⅰ，AAM-N-2型导弹

"麻雀"系列雷达制导中距离空空导弹，是美国最早研发的拥有超视距打击能力的空空导弹。其研发历史可以追溯到"二战"结束后的1946年。"二战"结束后，美国在空空导弹设计思路上出现了两个流派：一种是以追踪飞机的红外特性的红外探测器作为导弹导引头的红外空空导弹；另外一种就是利用接收敌机反射的雷达回波的雷达接收器，或者使用雷达波束，类似于无线电导航的方式，作为导弹导引头的雷达制导空空导弹。

雷达回波或者雷达波束制导相对于红外制导的优势在于，雷达回波属于机载雷达或者后来的导弹导引头主动发射电磁辐射，然后被敌机反射后由导弹导引头接收从而制导。这种方式由于被动红外探测距离大幅度的提升，探测距离可达几十千米甚至上百千米，这个距离远远超过人类目视发现敌机的距离，所以也叫超视距导弹。

与红外制导空空导弹一样，美国的中距离雷达制导空空导弹也是空军海军各自研发的。所以说在美国空军开发AAM-A-2(后来改名AIM-4)"猎鹰"雷达制导空空导弹的同时，海军也提出了自己的雷达制导空空导弹计划，和Sperry公司（负责导引头）、道格拉斯（负责弹体）公司合作，以当时海军大量使用的5英寸（127毫米）机载无制导火箭弹的弹体为基础，设计一种利用雷达制导的空空导弹。该型号有控火箭最初被命名为KAS-1，后来更名为AAM-2，到1948年因为海军武器命名制度改革，在原先的AAM-2中间加入代表海军的N(NAVY)，从而被改为AAM-N-2。

后来因为一开始设计的5英寸（127毫米）火箭弹弹体太小，射程和空间都不足，特别是放不下当时体积巨大的被动式雷达波束导引头的雷达

现代空战是空空导弹的天下，图为我国先进的歼10B战斗机，它搭载有我国自主研发的太行发动机，翼下挂有我国自主研发的先进空空导弹，整体作战能力堪称世界一流

接收机，所以说只能扩大导弹直径到8英寸（203毫米）。因为这一次更换弹体直径的拖延，原型弹直到1952年才进行第一次拦截试验，1956年"麻雀"I型导弹才正式服役，装备在美国海军战后F3H-2M"恶魔"与F7U"弯刀"这两种第一代喷气式舰载机上，美国第一枚雷达制导导弹的桂冠被空军的"猎鹰"导弹夺走。

早期"麻雀"I型导弹使用了旋翼式气动布局的弹体，且弹头是尖锥形而不是后来的圆弧形。弹翼和尾部的安定面均使用三角形并没有切尖，呈十字形对正布置，这与后来的"麻雀"导弹可以说完全不同。导引头工作方式也与后期的"麻雀"导弹使用接收雷达回波制导的主动/半主动雷达导引头不同，"麻雀"I型导弹受到当时电子技术限制使用了类似当时飞机导航系统的雷达波束导引头，利用雷达接收机控制导弹在雷达波束内飞行。因为雷达波束呈锥形扩散减弱，所以说"麻雀"I型导弹的远距离精度非常差。并且因为当时电子技术问题，根本做不出靠谱的敌我识别器，加上雷达波束导引头的距离过短，实际上"麻雀"I型导弹只能在视距内发射，所以说第一代"麻雀"导弹并不是名副其实的中距空空导弹。

所以说"麻雀"I型导弹在只生产了200枚以后就停产，并且在服役同

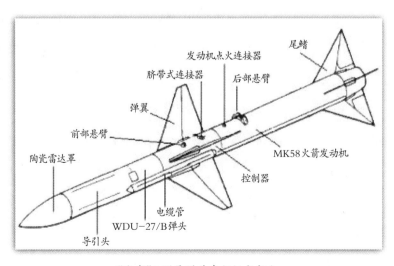

"麻雀"A型导弹外壳与组成部分

年被停止使用，成为装备时间最短的空空导弹之一。

名称：AAM-N-2型"麻雀"I空空导弹（在1963年美海空军统一编号后改为AIM-7A）

制导方式：雷达波束制导

作战目标：亚声速、超声速轰炸机

射程：8 km

最大速度：2.8 Ma

使用条件：全天候

重量：148 kg

动力装置：固体火箭发动机

主动的"麻雀"："麻雀"II AAM-N-3型导弹

1950年，"麻雀"I型导弹的研发还在如火如荼地进行的时候，海军已经意识到，如果使用雷达波束制导，敌我识别和作用距离这两个硬伤没办法得到解决。为了解决这个矛盾，道格拉斯公司决定开发一种主动雷达导引头的麻雀导弹，最初被命名为XAAM-N-2A "麻雀"II型导弹，1952年为了更好地区分"麻雀"I型与II型两种导弹，"麻雀"II型导弹的编号被改为AAM-N-3。

带有主动雷达导引头的"麻雀"II型导弹，使用主动雷达回波制导，导引头带有雷达发射机和雷达接收机，自己发射雷达波，照射到敌机上，接收机接收回波，然后利用弹上信号处理系统，处理回波信号，判断目标位置，实现制导——可以实现载机在发射导弹后不用持续提供引导或者照射雷达波束，也可以实现同时发射多枚导弹攻击多个目标，即为大家通常说的有"发射后不用管"能力。

但是因为20世纪50年代电子技术的落后，直径大于203毫米的AN/APQ-64主动雷达导引头"麻雀"-II导弹并不能使用（"麻雀"-B导弹内部空间的直径为201毫米左右）。到了20世纪60年代，随着电子技术的进步，大量使用了晶体管元器件的"不死鸟"（AIM-54）导弹出现。此时，它内部的直径空间也升级到了380毫米，可以容纳更大更先进的导引系统，其性能也更强。因此，权衡利弊之后道格拉斯决定放弃"麻雀"-II导弹项目。

虽然"麻雀"-II导弹在那时已经下马，但并不意味着它毫无成就。它所实现的圆弧弹头，切尖处理的导弹控制尾翼都成了日后"麻雀"导弹家族的标准配置。

名称：AAM-N-3型"麻雀"II空空导弹（在1963年美海空军统一编号后改为AIM-7B）

制导方式：主动雷达制导

作战目标：亚声速、超声速轰炸机

使用条件：全天候

重量：未知

动力装置：固体火箭发动机

AAM-N-3（AIM-7B）

修成正果：AAM-N-6型"麻雀"Ⅲ空空导弹

"麻雀"Ⅰ和"麻雀"Ⅱ型导弹的设计失败使得美国海军急需一种靠谱的超视距空空导弹。于是雷神公司在1951年提出了一种全新的制导方式，就是把雷达波发射器从导弹上撤下来，导弹上只安装雷达接收器，但

是与雷达波束制导不同。首先由己方战机发射雷达波，雷达波照射到敌机上反射回来，然后导弹上的雷达接收机接收到回波，再进行处理，从而确定敌机位置。这种模式被命名为半主动雷达制导方式，即为把主动雷达回波制导的雷达发射器安装到飞机上，从而大幅度节约导弹的弹体空间。并且这种模式使用回波制导，可以克服雷达波束制导作用距离太短，只适合拦截近距离空中目标这一缺点。

因为这种制导模式的优点显著，雷神公司得到了海军的青睐，于是，海军抛弃了Sperry公司的雷达波束制导和道格拉斯公司的主动雷达制导方案，并且要求雷神公司迅速投入这种制导模式的研发中。1953年随着"恶魔"战斗机配套的APQ-51脉冲雷达的研发完成，该型导弹开始进行试射和投入试生产，型号被定为AAM-N-6"麻雀"Ⅲ型。在进行了必要的上百次发射试验之后，1958年初，该型导弹交付部队并于1958年8月正式列装。

因为使用了半主动导引头，以

及敌我识别系统技术提升，射程大幅度提高到了13千米，获得初步的超视距攻击能力以及部分的对战斗机打击能力。

该导弹外形类似"麻雀"Ⅰ和Ⅱ型的杂糅，弹体和弹头大体类似"麻雀"A，但是弹尾的稳定面依然沿用"麻雀"Ⅰ型的三角翼，导引头大量使用了电子管，体积偏大，稳定性依然较差。并且还没有引入多普勒技术，导弹没有速度鉴别能力，极易被干扰箔条干扰，抗干扰能力不足。所以说该型导弹应急的意味非常明显，但是其产量高达2000多枚，相当于"麻雀"Ⅰ型的十倍。

名称：AAM-N-6型"麻雀"Ⅲ空空导弹（在1963年美海空军统一编号后改为AIM-7C）

制导方式：半主动雷达制导

作战目标：亚声速、超声速轰炸机和战斗机

射程：13 km

最大速度：2.5 Ma

使用条件：全天候

重量：173 kg

动力装置：7800型固体火箭发动机

上岸之路：A AIM-7D"麻雀"Ⅲ型空空导弹

因为"麻雀"Ⅲ型导弹有着浓重的应急意味，也缺乏超声速下发射能力；并且美国海军开始使用F-4B"鬼怪"战斗机替换老旧的F3H-2M"恶魔"与F7U"弯刀"这两种第一代喷气式舰载机；机载雷达也从APQ-51换成了性能强大的AN/APQ-72和AN/APA-157连续波雷达——所以，为了适应新飞机需要，军方对"麻雀"Ⅲ型导弹进行小幅度升级，使用了新型的聚硫橡胶固态燃料火箭发动机，也提升了对超声速目标的打击能力。同时也赋予了新的代号A AAM-N-6a"麻雀"Ⅲ。

与此同时，随着F-4"鬼怪"战斗机引入空军，空军也准备使用这种导弹作为F-4"鬼怪"战斗机的主要中距空空导弹。于是空军给了"麻雀"ⅢA一种不同的代号AIM-101，并且也把"鬼怪"的代号改成了F-110A。当时美国国防部长为了解决这种一机两号，一弹两号的乱局，决定统一空海编号。1963年新的空海统一命名标准出台。"麻雀"系列被赋予了AIM-7的代号，按顺序"麻雀"ⅢA有了AIM-7D的代号。而随后的AAM-N-6b被改名为AIM-7E。

因为大量使用了晶体管电路，电子系统体积大幅度减小，并且配合机上计算机，该型导弹对战斗机和轰炸机的拦截能力大幅度提升。加上雷达频率可调，使用了多普勒滤波器和多普勒近炸引信可以直接忽略低速目标，确保在目标附近爆炸形成一个范围10米以上的破片网，抗干扰能力和打击效能也大幅度提升。

名称：AAM-N-6a型"麻雀"ⅢA空空导弹（在1963年美海空军统一编号后改为AIM-7D）

制导方式：半主动连续波雷达制导

作战目标：亚声速、超声速轰炸机和战斗机

射程：15 km

最大速度：3.7 Ma

使用条件：全天候

重量：178 kg

动力装置：MK6 Mod 3 固体火箭发动机

迎面打击："麻雀"ⅢB AIM-7E导弹

随着飞机速度提升和拦截作战情况的变化，"麻雀"ⅢA导弹的射程越来越不够用，而且缺乏迎头攻击能力，导致其在战场上错失了大量发射机会。为了解决这些实战中暴露的问题，雷神公司于1962年对"麻雀"ⅢA进行小幅度升级，更换了Rocketdyne公司生产的MK38 Mod2型固态火箭发动机，使其射程超过了26千米。并且使用了连杆式战斗部确保对有甲目标的打击效果，同时也更换了电子系统让其具备了迎头打击能力。海军赋予其代号AAM-N-6b，同年被改为AIM-7E。

实际上，AIM-7E导弹就是受到越南战争实战检验之后，为了解决实战中暴露的各种问题对AIM-7C型的升级，但并没有大幅度修改导弹的设计。随后在战争中发现，其可用过载太低，最小发射距离太长，锁定目标时间太长，在空战中对战斗机攻击效果不好。并且，由于战斗机飞行员训练不足，对超视距敌我识别要求还没有完全摸透，导弹多为视距内确认后发射，所以其命中率低于10%。

名称：AAM-N-6b型"麻雀"ⅢB空空导弹（在1963年美海空军统一编号后改为AIM-7E）

制导方式：半主动连续波雷达制导

作战目标：亚声速、超声速轰炸机和战斗机

射程：26 km

最大速度：3 Ma

使用条件：全天候

重量：204 kg

动力装置：MK38 Mod 2固体火箭发动机

"狗斗麻雀"：AIM-7E-2/3/4导弹

美国海军在总结了AIM-7E导弹改进的不足后，居然提出要加强AIM-7E导弹的近距离发射能力，以及提升该弹的打击大过载和高机动性目标的能力，而不是考虑使用中距弹打战斗机，战术思想上也没有更改为超视距作战。

在这种思想的指导下，"狗斗麻雀"AIM-7E-2被设计出来。根据这一指标，雷神公司重新设计了导弹的导引头，将最小发射距离减小为原来一半多，并且加强了迎头攻击能力。可即使如此，在越南战争中的1972年

F-4E战斗机机身下挂载的就是 AIM-7E-2 "狗斗麻雀"导弹

的"后卫"战役中，AIM-7E-2导弹的命中率也仅仅达到13%，相对于 AIM-7E 导弹提升并不大。而且为了缩短最近发射距离，修改后的导引头和引信系统存在严重的"早炸"现象，甚至严重到有些导弹一发射就在载机前方几百米爆炸。虽然后续的3和4两种型号导弹进行了可靠性修改，并且装备在了F-14战斗机上，但是拿中距弹当格斗弹打也只能说是一个错误的指导思想下的错误产物。

名称：AIM-7E-2/3/4型"麻雀"ⅢB空空导弹
制导方式：半主动连续波雷达制导
作战目标：亚声速、超声速轰炸机和战斗机
射程：26 km
最大速度：3 Ma
使用条件：全天候
重量：200 kg
动力装置：MK38 Mod 4固体火箭发动机

低空神剑：AIM-7F"麻雀"空空导弹

实际上前几代"麻雀"导弹的低空作战性能都比较差，所以在1967年，在AIM-7E原版的基础上，针对低空作战和提升下视下射能力进行专门优化，并且使用大量集成电路减小体积的计划被提出。在越南战争之后，美军总结了越南战争经验，对中程空空导弹不再要求格斗作战能力，但是要求大幅度提升远距离和超视距作战能力。

F-4G机腹下挂载两枚AIM-7F

采用了全固态化和全集成电路化的导引头，大幅度减小了导引头空间，减轻了重量，也进一步提升了导引头性能。AIM-7F导弹使用了脉冲多普勒和连续波双模式工作导引头，在下视下射和抗干扰能力上有了大幅度提升。并且换用MK58型双推力发动机，大幅度提升了射程和大过载能力。

而且，导引头的兼容性能极高，从F-4B/J的APQ-72/AWG-10、F-14的AWG-9、F-16的APG-66A、F-18的APQ-65、F-15的APG-61/63，甚至老迈的F-104的R21G/H雷达，都可以兼容AIM-7F导弹。

AIM-7F导弹作为AIM-7系列导弹集大成之作，于1977年开始批量生产，总产量高达2万枚之多，这产量相当于其他的AIM-7导弹产量的总和。并且因为AIM-7F预留了大量改进空间，AIM-7M导弹以及后来的AIM-P/R/G/H导弹都是在其基础上研发的。

名称：AIM-7F型"麻雀"ⅢB改空空导弹

制导方式：半主动连续波/脉冲多普勒雷达制导

作战目标：亚声速、超声速轰炸机和战斗机

射程：46.7 km

最大速度：4 Ma

使用条件：全天候

重量：203 kg

动力装置：MK58 Mod 0固体火箭发动机

"实验品"：AIM-7G/H空空导弹

AIM-7G/H导弹是AIM-7系列导弹中的两个实验品，其中AIM-7G导弹换用了Ku波段接收机，动力依然沿用AIM-7F导弹的MK58 Mod 0火箭发动机，主要计划用于F-111这类战斗轰炸机，而AIM-7H导弹更换了一套远距雷达制导系统和固体电路设计并且更换了发动机。但是这两种AIM-7导弹均停留在了绘图板和试验台上，并没有真正的列装。

名称：AIM-7G/H型"麻雀"ⅢB空空导弹

制导方式：半主动连续波/脉冲多普勒雷达制导

作战目标：亚声速、超声速轰炸机和战斗机

使用条件：全天候

动力装置：G型MK58 Mod 0固体火箭发动机，H型MK58系列火箭发动机改型

扬眉吐气：AIM-7M"麻雀"空空导弹

1975年，长达20年的越南战争落下帷幕。美国海军空军以及雷神公司，总结了越南战争的经验，对AIM-7F导弹进行了一次大规模升级，代号AIM-7M。AIM-7M导弹导引头更换为可靠性更高的倒置式导引头，并且升级了敌我识别系统。首次使用数字式信号处理系统取代原本的模拟信号处理器，大幅度提升了其抗干扰能力和作用距离，并且也实现了更强的多目标，下视下射能力。改用了新型自动驾驶仪，让其可靠性大幅度提

升。发动机更换为更为可靠，推力更大的MK58 Mod 4型固体火箭发动机。

1979年年底，AIM-7M样弹下线，并且开始进行厂家测试。1980年8月通过厂家试验的样弹交给军方，雷神公司和美国军方开始对其进行试验鉴定。1981年12月美国海军宣布其服役并开始生产，但是直到1983年2月才完全完成验收服役试验。

该型导弹大量装备在美国空军、海军、海军陆战队以及国民警卫队的战机上。不但美国大量自用还出口到荷兰、土耳其、希腊等一大批使用美制战机的国家，并且还以许可证生产的方式许可给日本三菱重工生产，以配合日本许可证生产的F-15J使用。

AIM-7M导弹是"麻雀"系列导弹真正的扬眉吐气的作品，实际上整个越南战争中AIM-7系列导弹的命中率都在10%左右，最高也仅有13%。但是在海湾战争中，AIM-7M获得了25个击落战绩，并且命中率接近40%，比越南战争提升了三倍以上。

名称：AIM-7M型"麻雀"ⅢB空空导弹
制导方式：半主动脉冲多普勒雷达制导
作战目标：亚声速、超声速轰炸机和战斗机
射程：45 km
最大速度：不小于2.5 Ma
使用条件：全天候
重量：231 kg
动力装置：MK58 Mod 4 固体火箭发动机

"麻雀"魔改：AIM-7P导弹

随着电子技术在20世纪70年代末到80年代的快速发展，大规模集成电路和数字电路的技术进步，大功率高频晶体管的出现，使得主动雷达导引头的尺寸大幅度缩小。但是美国空军和海军陆战队还有大批的AIM-7M导弹的储备，并且AIM-120导弹早期性能并不稳定，产能也不高。于是美国海军武器中心于1987年联合雷神公司决定在AIM-7M导弹的基础上，更换一台性能更好、存储空间更大，并且拥有可编程能力的新型弹载计算机。AIM-7P弹体与AIM-7M几乎完全一样，综合来看就是在AIM-7M导弹基础上进行小幅度升级以适应现代空战需要的改进型。该弹于1991年开始小批量生产，并于1993年服役。

名称：AIM-7P型"麻雀"Ⅲ空空导弹
制导方式：半主动脉冲多普勒雷达制导
作战目标：亚声速、超声速轰炸机和战斗机
射程：45 km
最大速度：不小于2.5 Ma
使用条件：全天候
重量：230 kg
动力装置：MK58 Mod 4 固体火箭发动机

红外"麻雀"：AIM-7R空空导弹

1990年，雷神公司决定在AIM-7P导弹的基础上安装一个AIM-9"响尾蛇"导弹的红外导引头。整体来看，相对于AIM-7P导弹，AIM-7R导弹提升了抗干扰能力，但是因为AIM-120导弹在20世纪90年代中期以后大幅度替换了AIM-7系列导弹，加上AIM-7P BlockII导弹的性能已经很出色了，所以AIM-7R导弹被打入了冷宫，而部分技术被应用在了"海麻雀"RIM-7R导弹上。随着改进型"海麻雀"RIM-162导弹服役，RIM-7R导弹并没有大量装备。

名称：AIM-7R型"麻雀"Ⅲ空空导弹
制导方式：被动红外/半主动脉冲多普勒复合雷达制导
作战目标：亚声速、超声速轰炸机和战斗机
使用条件：全天候
动力装置：MK58 Mod 4 固体火箭发动机

"麻雀"的外国表兄弟（一）：意大利"阿斯派德"导弹

意大利"阿斯派德"导弹就是一种在AIM-7E导弹基础上进行小幅改进的空空导弹。1971年，意大利塞列尼亚公司获得了AIM-7E空空导弹的技术，并且在此基础上开发出"阿斯派德"导弹。但是与美国不同，"阿斯派德"导弹于1974年率先被装备试射的是增加了地空射击模式、用以装备在斯巴达和防空卫士低空防空系统的地空型，和安装在军舰上进行自卫防空的舰空型号。

直到1982年以后，空空型号的"阿斯派德"导弹才开始被研发。因为修改了控制模式，采用旋转弹翼（即使用前翼控制弹体运动），导弹

F-104 ASA机翼下挂载的"阿斯派德"MK1A导弹

控制系统设计上遇到了极大的困难，正因如此，"阿斯派德"导弹1984年才开始飞行试验，直到1988年才服役。

"阿斯派德"导弹作为一种极为成功的AIM-7E导弹的仿制版本，总产量超过6000枚，不但满足了意大利本国使用，还出口到了希腊、西班牙等十几个国家，一直服役到现在。

名称："阿斯派德"空空导弹

制导方式：半主动脉冲雷达制导

作战目标：亚声速、超声速轰炸机和战斗机

射程：35 km

最大速度：4 Ma

使用条件：全天候

重量：220 kg

动力装置：SINA-BPD公司固体火箭发动机

"麻雀"的外国表兄弟（二）：英国"天光"导弹

英国的"天光"导弹为英国航空航天动力公司（BAE）于1973年得到AIM-7E-2导弹的生产许可权之后，生产的空空导弹。

与AIM-7E-2导弹最大的不同是，"天光"导弹的发动机更换为英国航空喷气公司的 Mk52 mod2 火箭发动机（但是在后期生产中又换回了 Rocketdyne 生产的 Mk38 mod4 型固体火箭发动机）。而电子系统改用了马可尼公司生产的 XJ521 型单脉冲半主动雷达系统作为导引头。控制面与AIM-7E-2导弹不同，直接使用了三角翼，并进行了切尖处理，采用了和"阿斯派德"导弹类似的旋转弹翼设计。英国在航空器设计方面实力强大，因此并没有在这个改动上花费太多时间。

"天光"导弹于1977年定型，1978年开始进入英国皇家空军服役，配备给引进的"鬼怪"系列战斗机及后来的"狂风"系列战斗机。"天光"导弹和意大利的"阿斯派德"导弹一样，在满足本国使用的同时还被出口到瑞典、意大利、沙特等多个国家。

名称："天光"空空导弹

制导方式：半主动脉冲雷达制导

作战目标：亚声速、超声速轰炸机和战斗机

射程：40 km

最大速度：4 Ma

使用条件：全天候

重量：203 kg

动力装置：早期版本 Mk52 mod2 固体火箭发动机；后期版本 Mk38
mod4 型固体火箭发动机

"麻雀"的外国表兄（三）：日本AAM-4导弹

AAM-4导弹作为日本新一代主动雷达制导中距空空导弹，大量装备
于日本国产的F-2A/B以及不少于40架的F-15J升级版战斗机。AAM-4导
弹于1985年开始研制，目的是提升AIM-7M导弹性能，能与F-2型战斗机
配套，以确保在国产战斗机上摆脱对美国导弹的依赖。

实际上，AAM-4弹体基本上沿用了AIM-7M导弹的大体设计，所以说
AAM-4导弹也算一个AIM-7系列的外国表兄弟。弹体结构上改用和"阿
斯派德"导弹类似的旋转弹翼设计，希望提升其机动性。为了减轻重量，
大量使用了碳纤维，但是由于整体碳纤维使用比例低，所以其弹重相对于
AIM-7M导弹并没有实质性的减轻。加上旋转弹翼设计，导致AAM-4在试
射中发生过失控故障。因为电子技术升级，导引头更换为主动雷达引导体
制。这款导弹是使用麻雀弹体系列的唯一一种大批列装的主动雷达制导导
弹，美国的AIM-7B和英国的"天光"主动雷达版并没有大批列装。这也
算是为"麻雀"系列导弹完成了半个世纪的一个梦想。

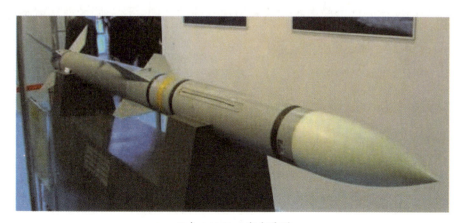

日本AAM-4空空导弹

AAM-4导弹直到1998年才完成全尺寸研制，到1999年开始批量生产。因为大量使用复合材料，以及使用了主动雷达导引头，该弹的单价当时高达70万美元以上。正因如此高的价格，AAM-4导弹的产量一直没办法提升，年产量基本徘徊在百枚左右。

名称：AAM-4空空导弹

制导方式：主动脉冲多普勒雷达制导

作战目标：亚声速、超声速轰炸机和战斗机

射程：80 km

最大速度：4 Ma

使用条件：全天候

重量：228 kg

动力装置：固体火箭发动机

2.1.4 空空导弹的先驱者：GAR系列（AIM-4系列）"猎鹰"空空导弹

先驱者：AAM-A-2/GAR-1（AIM-4）"猎鹰"空空导弹

"二战"结束前后，各国空军在考虑是否可以把制导系统搬上火箭弹，让其获得制导能力。1947年，美国空军为了给轰炸机配备一种自卫武器，找到了成功研制"受激辐射微波放大"（MASER）元件的休斯公司，提出利用这类元件做导引头制造亚声速导弹的合同（该合同的产物就是后来的AAM-A-2/GAR系列"猎鹰"空空导弹）。因为用于大型轰炸机自卫，所以空军一开始就决定设计一种足够大的弹体，预计使用的弹体直径高达163毫米（虽然不如后来放大的"麻雀"系列203毫米，但也比海军最初的127毫米方案粗了不少）。

"猎鹰"导弹因为使用了更大的弹体，所以可以容纳各种不同型号的导引头，并且更大的弹体可以装更多的燃料，确保其有更远的射程，计划进行得很顺利，1949年就完成第一次发射试验。

但是到了 1950 年，苏联战略轰炸机队逐渐成型，核弹技术也获得突破。美国空军在面对苏联战略轰炸机从北极航线来袭的巨大压力下，有着迫切的拦截苏联来袭的战略轰炸机的任务需求，于是空军又要求"猎鹰"导弹可以装在战斗机与截击机上使用。

与此同时，空军也考虑在"猎鹰"导弹上使用半主动、主动雷达导引头以及红外导引头，以面对不同作战目标，同时也可以使用核战斗部以打击苏联战略轰炸机集群。"猎鹰"系列导弹是人类历史上列装最早的空空导弹系列，也是美国空军在引入海军 AIM-7/9 系列导弹之前主力的空空导弹。

而"猎鹰"导弹的编号变迁历程是最为混乱的，不仅因为"猎鹰"使用了多种导引头，更为主要的是空军在"二战"后从陆军彻底剥离，整体编号体系就更加混乱。比如，最早的第一代"猎鹰"就经历过 AAM-A-2，F-98 的编号变化，后来到了 1955 年，"猎鹰"一代导弹的编号又变成了 GAR-1，到了 1963 年，空海军编号合并以后，又被改成了现在众所周知的 AIM-4。

基础型的"猎鹰"GAR-1 在 1954 年完成全部试射，交付空军使用，并且生产了 4000 枚以上。因为使用了全新设计的大弹体，空间充足的 GAR-1 就率先使用了半主动雷达制导的方式。在弹体结构方面，与"麻雀"导弹不同的地方在于，它并没有使用传统火箭弹的十字形布置的三角翼，而是使用了梯形翼，也没有使用全动控制面。弹体使用了镁合金，减轻了重量，但是也减少了破片的数量。因为半主动雷达导引头巨大的体积，"猎鹰"导弹的战斗部没有配备近炸引信，引信安装在前部弹翼前缘部位，正因如此"猎鹰"导弹必须采用直接撞击的办法才能杀伤目标。在当时导引头精度极差的条件下，实际上"猎鹰"GAR-1 导弹的杀伤效果是非常有限的。动力方面，使用了一台锡奥科尔公司研制的单极固体火箭发动机。

名称：GAR-1型"猎鹰"空空导弹（在1963年美海空军统一编号后改为AIM-4）

制导方式：半主动雷达制导

作战目标：亚声速、超声速轰炸机

射程：8 km

最大速度：2.8 Ma

使用条件：非全天候，在气象条件不好或者夜间时无法使用

重量：50 kg

动力装置：固体火箭发动机

F-15战斗机发射"猎鹰"导弹

格斗作战：GAR-2(A/B)(AIM-4B/C/D)空空导弹

美国空军在发现海军AIM-9B红外空空导弹优异的格斗作战性能后，为了提升"猎鹰"导弹的格斗和全天候作战能力，便和休斯公司合作，将"猎鹰"GAR-1A的导引头更换为被动红外导引头。为了尽快服役，其他部分直接使用了GAR-1A的弹体。GAR-2导弹原版于1956年交付空军使用，因为其红外导引头性能不足，产量并不高。在几年后，抗过热和过冷的红外导引头被开发出来，GAR-2导弹马上更换了这种更强性能的导引头升级成GAR-2A导弹。

GAR-2A导弹少量出口到了瑞典与瑞士，并且给予了瑞典许可生产的权利。

1958年后，"超猎鹰"计划进行，新一代GAR-4A（AIM-4G）红外制导版的"超猎鹰"被开发出来。鉴于GAR-2/A的库存量巨大，弹体状态还不错，最新寿命低于一年，于是美国空军利用GAR-4A的导引头升级了部分GAR-2/A导弹，并赋予新代号GAR-2B（AIM-4D）。

GAR-2系列导弹库存实在太多，并且战争中GAR-2系列导弹的战绩并不好，于是休斯公司在20世纪60年代还想过给其装备上固体激光引信，新型大威力战斗部，更换与"超级猎鹰"类似的可变推力固体火箭发动机，从而使其拥有更好的飞行机动性，并赋予了它AIM-4H编号。但是因为早期激光器稳定性太低，并且AIM-9系列导弹被引入空军，这个改进计划最后在1970年被叫停。

整个GAR-2系列导弹在越南战争中的战果并不理想，主要原因是GAR-2系列导弹最初设计是在高寒地区拦截苏联战略轰炸机，而不是在越南这样的热带地区参加空中格斗。更加雪上加霜的是，该弹配备的导引头在发射前需要6~7秒的冷却时间，并且由于导弹冷却氮气是携带在弹内，冷却氮气只有2分钟的量，因此一旦开始冷却，2分钟内不发射，导弹就会失灵。此外，导弹的战斗部没有安装近炸引信，使之威力有所减小。

正因为那么多的不足，越战中红外"猎鹰"导弹只有5次击落敌方目标的记录，所以GAR-2系列只能被挂载在F-102战斗机上，用来在夜间攻击地面热目标。

名称：GAR-2（A，B）型"猎鹰"空空导弹（在1963年美海空军统一编号后改为AIM-4B/C/D）

制导方式：被动红外制导

作战目标：轰炸机、战斗机

射程：9.7 km

最大速度：3 Ma

使用条件：全天候

重量：AIM-4B 为 58 kg，AIM-4C/D 为 61kg

动力装置：固体火箭发动机

超级"猎鹰"：GAR3/4（AIM-4E/F/G）"超级猎鹰"计划

1958 年，休斯公司为了解决"猎鹰"导弹射程过短，威力不足，精度不够的缺点，将"猎鹰"导弹直径加大到 168 毫米，并且更换了推力更大，持续飞行时间更长的大型火箭发动机，导弹的飞行速度、距离和动力射程都有大幅度提高。因为导弹整体尺寸大幅度放大，休斯公司给这个导弹起了一个"超级猎鹰"的绰号。

"超级猎鹰"系列导弹为了解决"猎鹰"导弹威力不足与精度不够的问题，换装了威力更大的重达 13 千克战斗部和改进型导引控制部。其中"超级猎鹰"GAR-3 在 1963 年后改名为 AIM-4E 型导弹。换装了锡奥科公司的可变推力固体火箭发动机，具有全向攻击能力的 GAR-3 改型命名为 GAR-3A，1963 年后改名为 AIM-4F

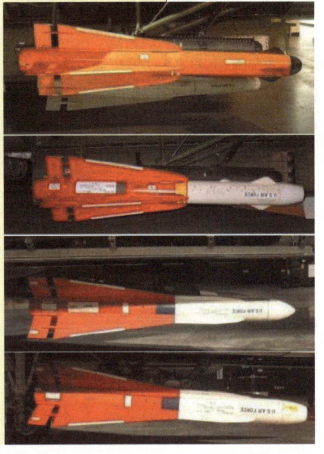

从上到下分别为 AIM-4A、D、F、G

型导弹。而 GAR-3A 的被动红外制导版本被命名为 GAR-4A，后改名为 AIM-4G 型导弹。

整个"超级猎鹰"产量非常少，其中半主动雷达制导版本 GAR-3 产量仅有 300 枚，而 GAR-3A 与 GAR-4A 产量都只有 3000 枚上下。因为产量低下，和标准版本的"猎鹰"不同，"超级猎鹰"只装备给 F-106A 截击机，并且大部分部署在国内。因此，"超级猎鹰"在越南战争并没有取得战果。

名称：GAR-3/A，4A 型"超级猎鹰"空空导弹（在 1963 年美海空军统一编号后改为 AIM-4E/F/G）

制导方式：AIM-4E/F 为半主动雷达制导，AIM-4G 为被动红外制导

作战目标：轰炸机、战斗机

射程：11.3 km

最大速度：4 Ma

使用条件：全天候

重量：68 kg

动力装置：AIM-4E 为固体火箭发动机，AIM-4F/G 为可变推力固体火箭发动机

核打击：GAR-11（AIM-26/A/B）"核猎鹰"空空导弹

因为"猎鹰"半主动雷达制导版本导弹的威力与精度严重不足，为了更有效打散苏联轰炸机机群，休斯公司决定放大 GAR-1 的体积，把直径增加到 279 毫米之巨，并把原本的破片战斗部换成"妖怪"核火箭弹使用的 1500 吨 TNT 当量的核战斗部，发动机也更换为更为强劲的 M60 型固体火箭发动机。

GAR-11（AIM-26）导弹在生产 100 发以后，休斯公司对 AIM-26 导弹进行小幅度改动，安装了无线电近炸引信。AIM-26A 导弹因为价格问题，只生产了不到 2000 枚就匆匆停产。

因为核战斗部价格以及维护问题，AIM-26A 导弹更换为大型常规战斗

AIM-26A/B"核猎鹰"

部，改成了AIM-26B大型常规空空导弹，并且也特许瑞典生产了几百枚这个型号的导弹。虽然"核猎鹰"核战斗部的设计是失败的，但仍有可取之处，后来在GAR-11的基础上又进一步衍生出超远程战斗型 GAR-9（AIM-47），也就是后来"不死鸟"AIM-54空空导弹的前身。

名　称：GAR-11/A 常规型"猎鹰"空空导弹(在1963年美海空军统一编号后改为AIM-26/A)

制导方式：半主动制导

作战目标：轰炸机

射程：9.7 km

最大速度：2 Ma

使用条件：全天候

重量：119 kg

动力装置：M60型固体火箭发动机

2.1.5 锋利"猫爪"：AIM-54"不死鸟"空空导弹

在20世纪60年代末，苏联装备 Tu-22M 系列超声速战术轰炸机，并且陆续列装了一大批空对舰、舰对舰远程超声速反舰导弹。美国航母战斗群防空压力骤然变大，而原来F-4"鬼怪"战斗机上使用的AIM-7系列中距离空空导弹速度太慢，射程太近。加之F-4"鬼怪"战斗机的速度和航程都严重不足，美国海军决定使用空军成熟的 F-111 可变后掠翼战斗轰炸机，设计一种新型舰载大型战斗机，这个计划最终衍生出了 F-14"雄猫"重型舰载战斗机。而"雄猫"的"利爪"和"眼睛"，就是来自休斯公司在 YF-12 计划上下马的 GAR-9 空空导弹和 ASG-18 脉冲多普勒雷达系统的放大升级版——AIM-54 空空导弹和 AWG-9 雷达（后来"雄猫"D 型更换为 AN/APG-71 雷达）。

F-111B 挂载 AIM-54

"猫爪"初露锋芒：AIM-54A"不死鸟"空空导弹

为了解决大射程问题，休斯公司在设计中沿用了 GAR-9（AIM-47）空空导弹的气动布局，但是大幅度加大了其弹体，其中直径加大到了史无前例的 380 毫米，重量也加到了前所未有的 447 千克，是"麻雀"中距空空导弹的两倍。巨大的弹体让其射程高达 135 千米以上，并且巨大的弹体带来巨大的内部空间，让 AIM-54A 导弹成为美国第一种列装的使用主动雷达导引头的空空导弹。1962 年 AIM-54A 计划正式开始，因为该弹大量使用了成熟技术，1965 年就开始进入试验阶段，1969 年 5 月完成试验，1971 年投产。但是因为 F-111B 战斗轰炸机的停产，以及 F-14"雄猫"战斗机研制计划的缓慢，首次试射是使用 A-3A 攻击机。

AIM-54A空空导弹

虽然 AIM-54A 导弹试射中没有安装战斗部，但是 AIM-54A 导弹出色地把靶机撞了下来。直到1974年该型导弹才随着F-14A战斗机一起服役。

AIM-54A导弹为了实现上百千米的射程，专门使用北美航空公司设计的大推力火箭发动机，并且采用新型黏合剂，确保大量的火箭燃料在飞行中不发生爆炸。而导引头使用了全新的多模式制导，AIM-54A导弹发射后利用和接收F-14战斗机上安装的AWG-9或AN/APG-71雷达发射到目标上反射回来的回波指引的方位，先爬升到两万米以上的高度并且以五倍的声速高速飞行，在导弹处于中段飞行时，载机甚至可以利用AWG-9或者后期的AN/APG-71雷达发射信号对其进行中段修正，确保导弹正对着攻击目标飞去。当导弹接近目标时，进入末制导阶段，启动弹上的雷达系统搜索/跟踪目标，待导弹开始往下俯冲，利用高速冲击从天而降，对敌人的轰炸机进行突然打击。

机载AWG-9雷达在边扫描边攻击模式下，具备同时跟踪20个以上的目标、使用AIM-54A攻击其中6个目标的能力。虽然这6个目标要集中在一个很狭小的空域，但是对于密集的苏联战术轰炸机攻击队来说，这种多目标攻击还是有机会得手的。

虽然 AIM-54A 导弹有那么多优点,但美中不足的是其昂贵的价格,AIM-54A 导弹总产量 2520 枚,单

价一发接近 50 万美元(1979 年币值),如果算上研发费用,更是飙升到 200 万美元的天价。如此高昂的价格,让除了美国海军和伊朗以外的其他国家或地区都望而却步。

AIM-54A 导弹在美军并没有确认的实战记录,但是在两伊战争中,伊朗的 F-14A 战斗机搭载 AIM-54A 导弹还是获得了不错的战绩。

名称:AIM-54A 型"不死鸟"空空导弹

制导方式:惯性+半主动雷达+主动多普勒末端复合雷达制导

作战目标:超声速轰炸机

射程:135 km

最大速度:5 Ma

使用条件:全天候

重量:447 kg

动力装置:MK47 Mod 0 固体火箭发动机

升级"猫爪":AIM-54C/C+"不死鸟"空空导弹

因为休斯公司提出的"不死鸟"是为了简化维护的无液体版 AIM-54B 导弹,性能并没有实质性提升,加上

价格比 AIM-54A 导弹增幅巨大，最终并没有被海军采纳。休斯公司在 AIM-54B 导弹的基础上，于 1976 年开始研发新一代的 AIM-54C 型导弹，性能和可维护性相对于 AIM-54A 导弹有大幅度提升，并且其价格和 AIM-54A 导弹不相上下。

AIM-54C 型导弹的导引头与 AIM-54A 导弹最大的区别是：使用了由全固态电子元件构成的信号接收转换单元替代使用了大量分立元件的老式处理器，大幅度地提升了导弹的可靠性。并且还使用了全新的、多达 68 片集成电路的数字电子信号处理单元和惯性导航系统，大幅度提升了运算速度，对于高速目标的拦截率大幅度提升。大量使用的大规模集成电路极大降低了导弹电子系统的发热量，因此取消了 AIM-54A 导弹上的液态冷却系统，从而降低了维护难度，大幅度地提高了战备率和完好率。

AIM-54C 导弹

在引信方面，AIM-54C 导弹弹头也换装为新型——DSU-28C/B 型引信，相对旧引信多了 4 个传感器，传感器数量增加到了 8 个，确保在打击较小的目标时即使未命中，也可以在目标附近有效起爆。

发动机从 AIM-54A 导弹的 MK47 型升级为 MK60 型，推力得到了大幅度提升，从而极大提高了 AIM-54C 导弹的动力射程，使其对机动性更高的目标的打击效果有了较大的提升。

1985 年年初，F-14 战斗机更换了发动机，并且对电子系统、飞行控制系统和计算模块等进行了大幅度的升级，成为 F-14D。F-14D 战斗机为了减轻重量，取消了冷却剂和加热供给系统。为了适配 F-14D 战

F-14 战斗机可挂载 6 枚"不死鸟"导弹

斗机，AIM-54C 导弹进行了小幅度改进，把原本开放式的制冷系统升级成封闭的，成为 AIM-54C+。并且导弹内加装了加热和制冷设备，升级了发射机功率，大幅度提升了 AIM-54C 导弹的抗干扰能力，电子设备也对新的机载 AN/APG-71 雷达进行适配。

在 20 世纪 90 年代，休斯公司还提出过一个小幅度升级 AIM-54 导弹的计划，即 AIM-54D 导弹计划，该计划的意义类似 AIM-7P 计划，是想填补 AIM-120 导弹性能不稳定的空档，但是因为 F-14 于 2006 年早早退役，所以原本要升级的 AIM-54D 导弹项目也因此而终结。

名称：AIM-54C/C+型"不死鸟"空空导弹

制导方式：惯性+半主动雷达+主动多普勒末端复合雷达制导

作战目标：超声速轰炸机

射程：150 km 以上

最大速度：5 Ma

使用条件：全天候

重量：463 kg

动力装置：MK60 型固体火箭发动机

2.1.6 哥萨克弯刀：苏俄 R-77 系列导弹

苏联/俄罗斯在空战导弹领域取得成就较晚，但是所取得的成就较高。苏联/俄罗斯可以自主研发制造所有门类的空战导弹武器，下面我们就其中人们耳熟能详的一些导弹进行简要介绍。

R-77 系列导弹（苏联代号"产品-170"）是一款与 PFI 战斗机（即后来的苏-27 战斗机）相配套的产物。在苏联空军的发展模式下，国土防空和区域拦截的作战任务随着美军更先进的战斗机种服役而变得相当棘手。

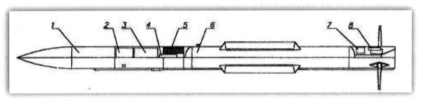

左上为 R-77 结构剖图。1.搜索系统 2.激光引信 3.导航控制仪器 4.信息管理器 5.战斗部 6.发动机 7.电池组 8.电动控制舵

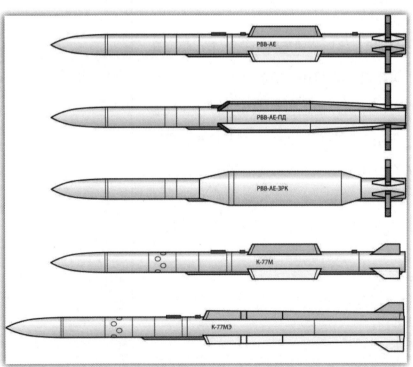

R-77 部分型号一览：从上至下分别是 R-77、R-77-PD、R-77-SPK、K-77M、K-77ME

当美军上马F-15战斗机的研制计划时，苏联国防工委感受到了巨大压力，在这个压力的推动下，苏-27战斗机的研发计划也随之上马。

老式的AA-6"毒辣"空空导弹虽然射程达到了80千米（改进型），但是在制导模式和命中精度上，相比美军同时期在研的AIM-120导弹差距巨大，对于新式的高空高速轰炸机和侦察机无可奈何。所以，苏军新的空空导弹必然要满足这些最基本的战术需求，即能打击高度2.7万米~3.2万米，速度超过3 Ma的目标。

1984年，由多家设计局联合研发的新型空空导弹正式进行测试，测试载机为一架米格-29C战斗机，实验项目主要是导弹的命中精度和可靠性。但是由于苏联的解体，该型弹的设计厂家和生产厂家多数分布在乌克兰，所以在项目进度上，便处于"停止"状态。不过由于俄罗斯和其他国家政府的资助，该项目在多年后总算进入了发展的快车道。

R-77M-PD

R-77M-PD是R-77家族首款服役型号，相对于R-77基本型，该型导弹以冲压喷气发动机取代了固体火箭发动机，提高了射程和不可逃逸区。这款导弹采用的是末端主动雷达引导体制，射程160千米，导弹的抗干扰能力一般。

名称：R-77M-PD
射程：150 km~160 km
速度：5 Ma
作战高度：5 km~25 km
引导模式：中段惯性指令制导+末端主动引导

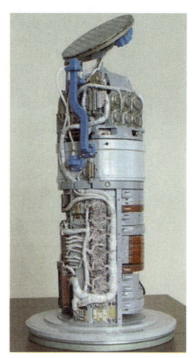

R-77和R-27所使用的9B-1103雷达导引头。从阵面来看，这是一款平板缝隙雷达体制的脉冲导引头。根据资料集记载，该型导引头跟踪距离为25千米

R-77-1（RVV-SD）

2009年推出的一款改进型，气动设计更接近

"激光"，中央的稳定弹翼和尾部的控制舵改善了其弹道的稳定性，不可逃逸区也扩大至110千米。此外，在制导模式上，添入了惯性导航装置和数据链指令修正技术，导引头也更换为9B-1103M-200雷达。这款导弹是整个R-77导弹当中最为人所熟知的。

K-77M

K-77M导弹是"现代化"的R-77导弹，也是R-77导弹第二阶段的改型产品。这款导弹的设计特点在于后部的散热空气阻力和RCS都降低了许多，所以在点火打击时，被发现的概率更低。该型弹的导引头由64个TR阵列构成的相控阵雷达组成，跟踪距离是R-77M-PD的3.5倍。

2.1.7 夏伯阳的利剑：苏俄R-73系列导弹

R-73导弹是苏联在R-60导弹的基础上，升级技术而来。与前辈R-60近距红外格斗导弹相似，R-73导弹也采用了红外寻的制导系统。在导引头的冷却系统中，苏联还运用了珀耳帖元件。导引头内寻的系统，则是由锑化铟阵面构成，通过搜索周边的红外热源，达成全向搜索跟踪的能力。根据此前资料的解释，R-73导弹的MK-80导引头上视跟踪距离为8千米~12千米，视角为正负45°。目前该系列的家族共有成员9个（除去实验弹）。

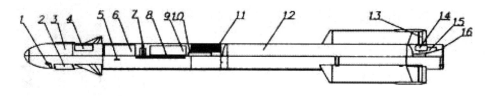

R-73导弹原始版本的结构图

1.气动角传感器 2.反稳定仪器 3.热寻的装置 4.转向传动系统 5.发射天线 6.自动导航仪器 7.雷达 8.接收天线 9.气化器 10.信息管理程序 11.战斗部 12.发动机 13.副翼 14.驱动副翼 15.扰流板 16.喷管

R-73A

该版本是R-73导弹家族的首个型号，导引头的角中心线的搜索系统能搜索正负45°的目标，该弹有两个版本，一个是安装了激光制导引信的

R-73K导弹，另一个是安装了近炸引信的R-73L导弹，二者射程分别是30千米和20千米。

名称：R-73

引信：激光制导引信（R-73K）、近炸引信（R-73L）

射程：30 km（R-73K）、20 km（R-73L）

动力系统：火箭发动机

速度：2.5 Ma

导引头：红外寻的系统

R-73M1（R-73 RDM-1）

该型弹是由基础型的R-73K导弹改进而来，通过升级搜索系统，发动机燃烧室等部位获得了全方位的升级。射程、命中精度都有了很大的提高。

名称：R-73M1导弹

射程：20 km

战斗部装药：7.4 kg破片

推进系统：RDTT-295固体燃料发动机

制导系统：红外寻的

速度：2.5 Ma

R-73M2（R-73 RDM-2）

R-73M2导弹是在R-73M1导弹基础上的改进型，主要是提高了导弹的抗干扰能力。红外导弹若不是红外成像模式，很容易被对方发射的干扰箔条和红外干扰弹干扰，导致导弹打击假目标。提高R-73M2导弹的抗干扰能力，也是为了应对这一情况。此外，新型燃料的使用也使得R-73M2导弹的射程和速度都有所增加。

名称：R-73M2导弹

速度：2.8 Ma

射程：30 km

导引头：红外导引

发动机：固体燃料火箭发动机

R-73E

R-73E导弹是R-73导弹基础型的改进版本,加装了R-8激光近炸引信和目标传感器,使得作战能力有所增强。

2.1.8 红色截击卫士的刀锋:R-40空空导弹

在那个不断追求极限的"冷战"时期,也许美苏双方都达到了一个疯狂的地步,制造出了无数登峰造极的武器。在空中,美国空军和苏联国土防空军展开了无数次极限的较量——美国为了突破苏联国土防空军的铜墙铁壁,制造出了如XB-70超声速轰炸机(尽管未投入量产)和SR-71"黑鸟"高空侦察机等装备。"黑鸟"高空侦察机凭借其高升限和极高的速度,一度让苏联国土防空军的截击机望尘莫及,这极大地刺激了苏联,苏联急迫地意识到需要新型空战武器来应对可能出现的威胁。

另一方面,苏联早已开始的截击体系的完善工作为新型空战武器的研制提供了良好的基础。苏联早在将图-128纳入"空气"-1防空系统时,就意识到在高速远程截

俄罗斯航空制造的明星:苏-35战斗机,其主要的空战导弹即为R-77导弹

击机和新型空空导弹的协助下，将会迫使敌人不得不寻求更新的突防战术，这样敌人通常会选择低空突防，因而更方便密集的地空导弹系统和歼击机共同拦截。在内外因的共同影响下，苏联开发出了米格-25这个钢铁怪物，来对抗可能出现的高速目标的威胁。米格-25这个由不锈钢制成的钢铁怪物在全加力状态下可以达到3.2 Ma的极高速度，基本上达到了自己最强对手的水平。可以说，苏联人用最简单粗暴的手段创造出了红色帝国的截击神话，米格-25也成为当时最强的截击卫士。

如果说米格-25是战士，那么战士完成作战任务必须和自己的战刀在一起。由此，苏联老牌空空导弹设计局——"三角旗"设计局打造了世界上最大的空空导弹——R-40空空导弹，作为截击卫士最锋利的佩刀。

R-40空空导弹有两种导引头：一种是脉冲雷达导引头，一种是红外导引头。根据不同需要可以换装不同的导引头，这也是此导弹改进的主要方面。R-40导弹的PARG-12VV导引头是苏联研制的最后一种中距弹上的脉冲雷达自导引头。这种导引头的可取之处在于首次采用单脉冲方法测量角失调量，极

R-40空空导弹

米格-25截击机的众多
"神话"恐怕已经无须多言

大程度地减弱了调幅干扰的影响。使用数字接收机，减小了导引头被"迷惑"的危险，这种特性是采用自动增益调节的导引头在干扰功率下降很大的情况下所固有的现象。数字接收机的非单一性导致了量角仪输出产生震荡，被称为周期交错干扰。由于接收机随机转换规律，干扰功率下降带来的影响被大大削弱。从某种意义上讲，这种导弹能够在很高的高度作战，也得益于这种导引头的特性，它可以减少误差，更好地打击目标。

R-40导弹的PARG-12VV导引头有着较强的抗干扰能力。在雷达波束发射时，若遭到敌方信号干扰，导引头可以通过信号加频来矫正信息中继。就好比两个手电筒对射，谁的更亮，谁就能压制对方。

为了能使这一导弹更准确地击中目标，完成作战任务，苏联又以自导引头上的正余弦转换器为基础研制了

作为一款经典的截击机,米格-31在世界航空史上占据重要地位

导载计算机，将过载转换到导弹的坐标体系中，还考虑导弹的加速减速，这样综合计算降低了命中误差，提高了导弹精度。

在研制R-40空空导弹的时候有一些小插曲。起初，导弹的整流罩和系统天线的同步误差非常严重，尤其是卡塞格伦天线在定向方面极不稳定，方位变化梯度限制了导弹使用高度。这是一个极为严重的问题，极有可能无法满足高空截击作战的要求。为了解决这一问题，必须在生产过程中对这些同步误差及时监控，然后及时调整，确保导弹能够使用。因此，苏联工程师们研制了一种晃动的试验台，通过这个试验台上设置的特殊算法来监控误差并改进导弹的天线系统和整流罩。

该导弹在使用脉冲雷达自导引头的时候，制导系统有两种（它们的机载雷达就是它们的火控雷达，使用红外导引头的时候也不例外），一种是在挂载状态下截获目标的半主动雷达导引头，另一种是惯性制导，在轨迹上截获目标的半主动雷达导引头，这种情况下的射程更远。

该导弹的红外导引头为液氮冷却的红外制导导引头，液氮保证导引头在导弹高速运动产生的高温下仍能正常工作。红外导引头上还使用了保证对虚假红外目标提供高水平防护的信号处理原理，这样可以有效识别假目标，减少红外诱饵弹对导弹的干扰，保证了导弹的命中精度。这一导弹有不错的视场，红外导引头能够在±55°的范围内进行目标指示。

该导弹的气动布局整体上为带小翼的鸭式气动布局，与K-5和K-8导弹相同，采用了4片小切梢三角形控制舵面装在弹头后部，4片大切梢三角形弹翼装在弹体后部，4片弹翼后缘各带有1个横滚稳定片。两对弹翼和舵面分别位于相互垂直的两个平面内，呈X-X配置。这种设计无论是侧向还是正向，均能产生同样大的升力，因此，该形式的导弹具有良好的侧向机动力，这对截击作战有重要的意义——能够有效拦截侧向机动规避导弹的飞行器。但是导弹上四个翼面基本是雷达的四个反射器，增大了敌方雷达对导弹的探测面和可探测性。该弹使用了单状态固体燃料发动机，两级式布置，主发动机在前，两个排气喷口位于发动机舱后部的弹体两侧，与相邻弹翼的后缘平齐；助推发动机舱位于弹体后部。发动机布置在导弹的质心附近，这样重心的位置变化不大，降低了导弹发射和被动飞行段中稳定回路的难度。发动机有两个喷管，以产生纵向推力。限于当时的技术原因，导弹的长度非常大，最初装备于部队的R-40长度达到6.1米，即便是后来改进型的R-40T也有5.95米，比后来开发的远距空空弹R-33（长4.15米），R-37（长4.232米）和R-72（长5.60米）超远距空空导弹都长。由于近炸引信和战斗部间距几乎是导弹弹长，简化了确定延迟的问题，保证了导弹具有足够高的杀伤效能。

导弹在高速飞行的过程中会产生巨大的热量，高温可能会对设备造成损坏，因此，苏联工程师在材料和冷却剂上下了功夫。该导弹使用了载机上的氟氯烷冷却剂对设备进行冷却，还在弹体内使用了隔热内表面，作为导弹弹体结构的材料也使用了钛合金VT-4，可谓是豪华配置，保证了弹体的强度和耐热性。

该导弹是当时苏联装备的空空导弹中长度

执行截击作战的米格-31

最长、翼载最小的高空导弹，足够保证截击高达27千米～30千米的目标。因此它才能和米格-25战斗机以及之后的米格-31战斗机一同去高空截击来袭的敌人，成为保卫"红色"天空卫士们锋利的佩刀。

R-40家族主要有半主动雷达型R-40R、被动红外型R-40T和在它们基础上发展而来的R-40RD、R-40TD、R-40TDI，R-40TDI为R-40TD的增程型。在部分资料中将R-40R和R-40T归为R-40基本型，统一用R-40编号代替（毕竟主要只是导引头的差别），其改进型则统一用R-40D（DI主要是增程）。笔者认为采用R-40与R-40D两种主要分法较为合理，以下统一按照此种说法。

R-40基本型

R-40基本型在1969年开始批量生产，统一采用重达52千克的战斗部，这对空空导弹来说是较为惊人的，保证了巨大的杀伤力，战斗部类型为破片爆破。R-40标准型相对改进型较为细长，达到6.1米，这也是空空导弹中长度之最。采用半主动雷达导引头的型号，其制导系统类型为挂载中截获的半主动雷达自导引头，这也是基本型相对射程较短的原因之一。其作战高度从0.5千米～27千米，所截击目标过载限制在2.5G内，由此可见其目标主要为机动性较差的战略轰炸机和高空侦察机。

R-40D

R-40D在1980年批量化生产后交付部队，针对之前存在的问题进行了改进。比如为了更加有效地杀伤机动能力增强的大型目标，将战斗部由破片爆破战斗部换成破片连续杆战斗部，战斗部重量也增至55千克，增加了对大型目标的杀伤概率。弹体进行了优化设计，相对早期，导弹整体较为圆钝，弹长缩减至5.95米，这一举措增强了导弹的机动性，打击目标最大的过载也可以达到4G。另一个重大改进也体现在将半主动雷达导引头的制导系统改进为惯性制导，在轨迹上由半主动雷达截获目标。这种模式增大了射程与射高，最高接战高度达到了30000米。最远发射距离也达到了40千米。

R-40型空空导弹

气动布局：带有小翼的"鸭式"气动布局

质量：472 kg

战斗部重量：52 kg

战斗部类型：破片高爆战斗部

弹体直径：300 mm

弹长：6.1 m

弹体翼展：1.45 m

发动机：单状态固体燃料火箭发动机

导引头类型：单脉冲半主动雷达导引头（R-40R）；半主动红外导引头（R-40T）

导引头目标指示范围：半主动雷达型 ±60°，红外引导型 ±55°

制导系统类型：挂载中截获的半主动雷达自导引头/液氮冷却的红外导引头

制导方法：半主动雷达引导

目标最大速度：3000 km/h

杀伤目标的高度范围：0.5 km ~ 27 km

最大发射距离：30 km

最小发射距离：2.3 km

所截击目标过载：2.5 G

R-40D型空空导弹

气动布局：带有小翼的"鸭式"气动布局

质量：465 kg

战斗部类型：破片连续杆战斗部

弹体直径：300 mm

弹长：5.95 m

弹体翼展：1.45 m

发动机：单状态固体燃料
火箭发动机

导引头类型：单脉冲半主
动雷达导引头（R-40RD）；半
主动红外导引头（R-40TD/
TDI）

导引头目标指示范围：半
主动雷达型 ±60°，红外导引
型 ±55°

制导系统类型：惯性制
导，在轨迹上由半主动雷达截获目标/挂载中截获
的半主动雷达自导引头/液氮冷却的红外导引头

这架米格-31的机翼下
挂载的就是两枚R-40。而
机腹挂载的则是R-33导弹

目标最大速度：3000 km/h
杀伤目标的高度范围：0.05 km～30 km
最大发射距离：40 km(R-40TDI达到 80 km)
最小发射距离：1 km
所截击目标过载：4 G

2.1.9 其他

扭转乾坤：反辐射导弹登场

反辐射导弹（ARM，也叫反
雷达导弹）是一种利用敌方雷达
的电磁辐射为自身的导引，摧毁
敌方大型雷达平台（例如预警
机、雷达站）的导弹。这种导弹
的特点就是专门打击那种电磁辐
射信号强的平台。自第一款反辐
射导弹在越南战场上出现以来，

美越战争时期越南的地
面防空部队，背景就是一个
"萨姆"导弹的发射阵地

一架被"萨姆"-2击中的RF-4侦察机。对于做了地面伪装的防空导弹,RF-4很难做到及时发现并高速撤离战场,所以被击中的战例数不胜数

世界各国对反辐射导弹的发展一直都很重视。美军是发展反辐射导弹势头最强劲的国家,也是第一个使用反辐射导弹的国家。

美军在越南战场使用的反辐射导弹是一种"硬杀伤"式导弹,导弹通过搜集辐射信号,持续不断的更新弹载计算机的信息,直到击中目标,才会停止。在现代作战当中,雷达是战力的倍增器,在出动大规模部队前进行侦察,能掌握周边大面积区域的战情。同样是在越南战场,越南军队依靠苏制"萨姆"(SAM)导弹,频频击落美军的战斗机和侦察机,给了美军不小的压力。"萨姆"导弹的工作原理,就是雷达发现跟踪目标后,引导防空导弹打击空中目标。

越南防空阵地航拍。右上角就是指挥车和雷达车的位置。像这种目标,可以跟随战场环境而机动,战术打击部队很难全歼。而且,越南拥有众多的"萨姆"系列防空导弹,美军空中部队折戟沉沙是难以避免的

如果没有雷达的协助，导弹就无法完成目标的搜集和跟踪，也无法完成中继制导的难题。所以，雷达是"萨姆"导弹的"眼睛"和"大脑"。

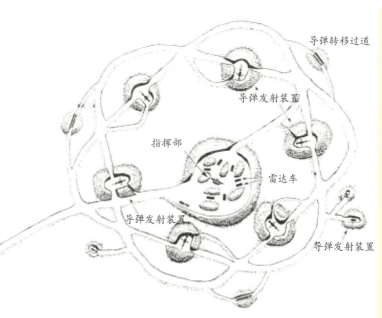

一个"萨姆"导弹防空阵地示意图。阵地内的"匙架"预警雷达可搜索半径275 km的天空，"刀架"搜索雷达可跟踪半径65 km的空中目标，"扇歌"火控雷达可跟踪半径70 km的空中目标并引导导弹打击。而导弹最大射程48 km，射高1 km~32 km，速度4 Ma。可猎杀同时代的美国战斗机

美军在应对越南地面防空部队这一威胁时，除了派出更多的对地攻击机和侦察机外，没有其他行之有效的对策和方法。

不过，事情总算是出现了转机，美国于1958年开始研发的第一代反辐射导弹于越南战争开战后的1965年正式投入海军使用。这款第一代反辐射导弹代号为AGM-45，绰号为"百舌鸟"。"百舌鸟"导弹瞄准的

AGM-45反辐射导弹

是防空系统的火控雷达，通过持续跟踪火控照射雷达的信号辐射，达到毁伤的目的。

名称：AGM-45导弹

射程：45 km

战斗部：高爆破片

战斗部装药：66.6 kg（WAU-8/B）~67.5 kg（MK-5 Mod 0和MK-86 Mod 0）

速度：2 Ma

动力系统：固体火箭发动机

当然，由于第一代反辐射导弹的诸多技术仍不成熟，设计概念和战役使用理论仍待验证。所以，在初期的战场上并没有讨到多少甜头。相反，由于射程近，目标搜索慢，战机平台在部分战役打击作战当中，在还未搜索到目标时，就被越南防空部队击落。越南防空部队在地面部署的系统，除了导弹阵地外，还有诸多林立的高射炮，这些高射炮没有配备搜索雷达，完全是人员手动操控，所以反辐射导弹根本起不到作用。

在遭受诸多损失后，美国空军和海军航空兵开始改变作战思路。在战役之初，先以EB-66电子战飞机扰乱越南防空部队SA-2防空系统的"扇歌"火控雷达，然后再派出F-100F战斗机、F-105G战斗轰炸机和EF-4C战斗机用反辐射导弹，打击SA-2导弹阵地，这套战术俗称"野鼬鼠"。

就在美军的战法初获成效之后，越南防空部队开始摸索对抗"百舌鸟"导弹的方式方法。由于不具备强悍的电子对抗能力，所以越南防空部队用最原始也是最合理的方法去对抗"百舌鸟"导弹。这种方法就是从"扇歌"雷达本身出发，只要关闭雷达，雷达辐射信号衰弱，"百舌鸟"导弹的导引系统就必然会丧失目标从而脱靶。在多次实战中，"百舌鸟"越来越高的脱靶率和越南防空部队越来越差的战绩（因为"扇歌"雷达的关闭而错失目标）成了美越战场上一道独特的风景线。

美苏两国早期的反辐射导弹

国家	导弹型号	装备时间	射程/km	速度/Ma	制导系统	打击目标
美国	百舌鸟 AGM-45	1964	45	2	被动直检式比幅单脉冲雷达跟踪引导法	地对空导弹雷达、炮瞄雷达、警戒雷达
	标准反辐射导弹 AGM-78	1969	55	2.5	被动雷达寻的	搜索、引导地对空导弹制导雷达及其他雷达
	高速反辐射导弹	1982	>20	3	惯性+被动雷达寻的	各种雷达
	佩剑 AGM-122A	1989	8	2.5	宽频带被动雷达导引头	高炮炮瞄雷达和近程地对空导弹制导雷达
	防空压制导弹	1988	>4	超声速	被动射频/红外复合制导、比例引导	机载雷达和地面火控雷达
苏联	风暴X-22		300~400	3	惯导+被动雷达寻的	陆基或舰载远程监视雷达
	鲑鱼AS-5	1966	170	0.9	被动雷达寻的	工作在10cm波段的地面和机载雷达
	王鱼AS-6	1973	300	3	惯导+被动雷达寻的	陆基或舰载雷达
	AS-11	1978	160	3.6	程控+被动雷达寻的	B波段陆基和舰载防空雷达
	氪AS-17	1986	200	3	被动雷达寻的	防空系统雷达

在闻悉美国发展"百舌鸟"导弹之后，苏联也开始研发一款本国使用的反辐射导弹。与美国专项研究不同，苏联是在当时现有导弹的基础上改进而来。通过更换被动雷达导引头，加装核装药的战斗部，苏联成功地用三年时间造出了苏军第一款反辐射导弹AS-5。

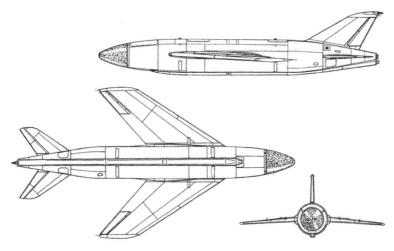

AS-5导弹线图。这是在原有导弹的基础上改进而来，其外观也类似苏军使用的AS-4"厨房"反舰导弹

AS-5主要携带机种是轰炸机，从技术角度来看，它主要的突破就是实现了多用途打击能力。该型导弹除了可以去打击陆基防空阵地和雷达站之外，也可以用作海上突击。

游弋在大西洋公海上的美国海军航母打击大队从"铁幕"[注1]降下帷幕到苏联解体，就一直是苏军挥之不去的阴霾

在1978年以前，苏联海军在打击美国本土或者要对美国本土发动核突击时，都需要冲过GIUK缺口[注2]，从广袤的北大西洋一路南下，核潜艇和水面舰艇编队拼死抢占发射阵位，掩护核潜艇发射战略弹道导弹。

按照苏联海军的计划，苏联陆海空多军种从东欧一路前进，推平北约国家组织的防线。苏联海军除了要应对北约国家强大的海军之外，还要兼顾支援岸上打击。AS-5导弹除了可以支援岸上战斗之外，还可以作为打击舰艇的主力，从舰艇的防区外，投射大量的导弹，击沉或者重创航空母舰和巡洋舰级别的目标，迫使北约国家海军改变战略方向。但是作为一种反辐射导弹，AS-5导弹还是显得比较奇葩。

首先，从AS-4导弹的基础上改进而来的弹体，体积大，重量沉，多

【注1】铁幕指的是英国首相丘吉尔在"二战"之后在富尔顿城威斯敏斯特学院发表的一场反共、反社会主义的演说。这场演说奠定了战后新秩序的形成和美苏对抗（资本主义和社会主义）大格局的基础。
【注2】GIUK缺口指的是格陵兰(Greenland,G) 冰岛(Iceland,I) 英国 (United Kingdom,UK) 这三点构成的"一条线"。苏联军队的海军和陆军要想进入大西洋，就必须越过这条防线。也因为这条防线是由三个岛屿国家构成，所以也称之为"GIUK缺口"。

平台通用性不佳，导致只有轰炸机级别的飞机才能携带（陆基有其他用途的导弹系统）。体积大，带来的不仅是作战威力和射程的增加，也带来了自己被防空火力拦截的问题。所以从这一点看，AS-5导弹仅仅是一个过渡性质的武器系统，担当大任还是要依靠其他武器。

名称：AS-5导弹

射程：320 km

速度：1080 km/h

弹径：0.9 m/4.6 m（翼展）

长度：9.5 m

战斗部：1000 kg高能炸药或者100 kg TNT当量的核弹头

发动机：液体燃料火箭发动机

导引头：主动雷达导引或者被动雷达导引

服役时间：1966年

过渡性质的AS-5导弹在演习当中表现出了良好的性能，即使精度不高（误差150米），也被大威力的战斗部所掩盖。之后，苏联接着又上马了新一代的反辐射导弹的研究工作，代号为KH-28。

KH-28是苏联第一款专业的反辐射导弹，1975年装备部队。主要携带平台为苏-22M战斗攻击机。苏-22M攻击机是苏联发展的第二代战斗机，该机最大的不同就是采用了"变后掠翼"技术，机翼可根据战况的变化而做出变化。

苏-22M攻击机携带KH-28导弹，在陆基指挥系统和空基引导系统的配合下，可以做到对敌方纵深内的雷达目标进行打击。当目标被打击之后，通信和侦察警戒网络便会瘫痪，这时候就是战斗机和轰炸机出动争夺制空权和对地进攻掩护。

即使是在大洋上，苏-22M战斗攻击机的作战半径仍能覆盖较广的一大片海域，投射任务完成后即可返航。

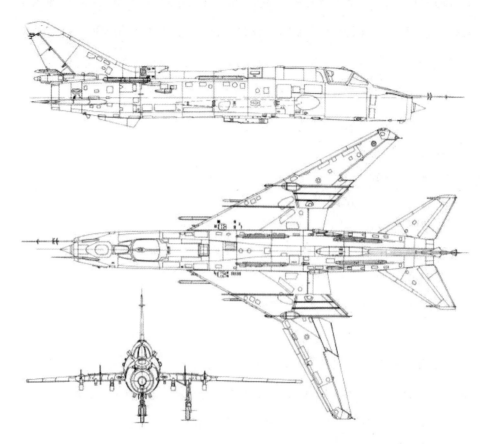

苏-22M4。其机翼中部可以通过控制系统达成变后掠翼的能力

　　KH-28导弹有多种雷达导引头，分别对应北约国家雷达的不同频段。在雷达频段当中，有VHF(甚高频)、UHF(特高频)、SHF(超高频)、EHF（极高频)。按照波段划分主要有S波段、X波段、C波段和I/J波段等多种。对应不同的打击目标，更换不同的导引头，以期获得最好的打击效果。

　　KH-28导弹除了苏军使用外，还大批量地出口。20世纪80年代中期，根据苏伊双边军贸法案，苏联向伊拉克有偿提供了部分KH-28反辐射导弹和苏-22M战斗攻击机。这些武器系统在后期打击美军防空阵地上，发挥了重要作用，先后打掉了部分爱国者导弹系统和霍克防空系统的搜索雷达，有效减缓了联军的推进速度，保障了己方空中力量的生存。

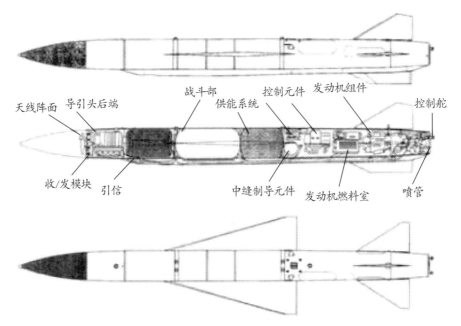

天线阵面　导引头后端　战斗部　控制元件　发动机组件　控制舵
供能系统

收/发模块　引信　中缝制导元件　发动机燃料室　喷管

KH-28导弹结构剖图

在伊拉克空军服役的KH-28导弹

名称：KH-28导弹

战斗部装药：150 kg

射程：90 km~110 km（高空），70 km（低空），25 km~45 km（超低空）

速度：0.85 Ma

20世纪80年代后期，各国开始研发新型第三代反辐射导弹，这一时期的反辐射导弹特点是在结构上得到了简化，在系统上更为先进。而且在这一时期，提出了反辐射导弹的防区外打击概念和高速突防理念，这都是相对前代来说非常重要的进步。

最有代表性的第三代反辐射导弹主要是美军使用的HARM"哈姆"反辐射导弹和苏俄使用的KH-31反辐射导弹、中国装备的"鹰击"-91反辐射导弹。

"哈姆"反辐射导弹的研究起源于1972年~1974年，这一时期是苏联军队转型的节点时期。为了提高空军对苏联海军的打击能力和力度，美国海军也确定了一项方针。即本方舰艇的防空导弹是舰队的防空支柱，其中以标准-II型防空导弹为主力担当。打击苏联舰艇群，则落入了核潜艇和舰载机之手。

核潜艇拥有良好的隐蔽能力，它多数时间都航行在水下，通过鱼雷和导弹打击对方。战术上可以做到出其不意攻其不备，战略上可以"突然

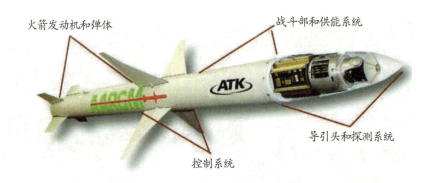

AGM-88"哈姆"反辐射导弹结构图

"哈姆"导弹的主要携带机种以及打击实验

的"打击对方重要的目标。

舰载机自身有着强烈的辐射信号，易被对方的防空系统拦截，只能通过一些隐蔽手段来隐藏自己。美国海军的作战思路就是先以"野鼬鼠"战术袭击苏联海军的舰艇雷达，当苏联海军舰艇雷达瘫痪时，大洋上的舰艇群便会丧失工作效率，成为任人宰割的羔羊。

制定这种战术，也是美军的无奈。由于依赖舰载机和核潜艇，美国国会对于美军的反舰导弹发展一直是报以轻视的态度。

这种战术最核心的两点就是：

1.电子战飞机伴随干扰能力和电子压制能力。

2.反辐射导弹的性能以及导弹携带平台的突防概率。

第二代反辐射导弹在导引头、灵敏度、速度和射程上，都难以继续满足美军的战术打击需求。美军往往要穿过苏军严密的火力防空网才能做到对苏军舰艇的打击，但是这一举动，将会让本就稀少的舰载机变得更少。所以，远程投射打击和快速突防就成了第三代"哈姆"防空导弹的主要发展方向。

在美国海军武器中心（NWC）的授权下，德克萨斯公司开始研发这款武器系统。这种武器系统是在"百舌鸟"导弹的基础上，通过升级导引头和火箭动力系统发展而来。改进后的系统面对复杂的频段和磁波环境（包括时隐时现的信号），都保持了较大的跟踪和打击能力。即使是苏军以RBU-6000火箭发射器发射的干扰弹，也不会对其产生强大的干扰（除非是火箭爆炸时产生的强大冲击波正好震动了导弹的导引头）。相对于KH-28导弹要更换导引头的不便，"哈姆"则不需要复杂的导引头更换，只需通过导引头的"载波频率调换"，就可以做到多频度打击能力。这对苏军舰艇来说，的确是一个棘手的问题。

"哈姆"反辐射导弹研制成功时，美国海军和空军便迫不及待地将它

参与对利比亚军事打击的F/A-111战斗轰炸机，翼下挂载的白色导弹就是"哈姆"反辐射导弹

整合到了 F-16C/CJ 战斗机、F-4G 战斗机上。海军的 A-6E 战斗机、A-7E 战斗机和较新的 F-18A 战斗机也整合了该型导弹的射控模块。在 1986 年的利比亚冲突当中，海军和空军就以"哈姆"反辐射导弹，重创了利比亚地面的多个SA-2、SA-3、SA-5 的防空发射阵地。这些防空发射阵地内的搜索雷达，火控雷达都被"哈姆"反辐射导弹毁伤殆尽。

经过多年的发展，"哈姆"导弹衍生出了多种型号，目前最突出的型号，就是代号为"AGM-88D Block 6"的版本。这是"哈姆"家族中性能最完善的版本，这个版本是美国海军、德国空军和意大利空军联合升级而来，重要的升级方向就是安装了精密制导组件和GPS惯性导航系统。这些新设备让该导弹拥有了更精确的飞行航线和更高的命中率。而且，这一版本导弹可以通过GPS的导引，直接打击被GPS定位的目标。这个功能与以往的自搜索和持续跟踪能力相比，要更贴近陆军对空军的火力请求支援。

目前，"哈姆"导弹家族最新的型号为AGM-

88E。AGM-88E导弹是"哈姆"导弹家族已服役的型号当中，第一款具备在敌方关闭雷达后，仍能跟踪轨迹打击目标的型号。AGM-88E导弹之所以具备该项能力，是因为设计人员在导引头内增加了一个主动毫米波雷达和被动雷达导引头。这种主动开机搜索的能力是非常重要的，因为过去对抗反辐射导弹最佳的手段就是关闭己方雷达，让导弹丢失目标从而失去精度。

机载的AGM-88E导弹

2015年9月，AGM-88E导弹在海上靶试时，通过被动雷达导引，末端毫米波雷达搜索，准确击中了海上的靶船，彰显了该弹的威力和成熟度。

名称：AGM-88导弹

射程：48 km~150 km

速度：3 Ma~4 Ma

动力系统：固体燃料火箭发动机

导引方式：主要是被动导引，E型采用了复合导引技术

苏联/俄罗斯研发的KH-31反辐射导弹，最初在俄罗斯空军内都是作为一款对陆对海的打击武器。在执行反雷达任务时，通常都是"客串"的形式。KH-31导弹与其他武器系统相比，最大的

我国于20世纪80年代研发的YJ-1冲压反舰导弹。在冲压导弹领域,我国也有自己的技术储备

在YJ-1导弹的基础上改进而来的C-101冲压反舰导弹,性能有了进一步的提升

不同就是采用了冲压发动机技术。

对于导弹来说,最重要的就是动力系统,其次才是雷达导引系统(包括干扰和抗干扰能力),最后才是它的战斗部威力。火箭冲压发动机和固体火箭燃料发动机相比,有着诸多的优势。固体火箭发动机由于推进剂能量的限制,要想显著地提高导弹的射程和速度,就必须加大体积和重量。体积和重量是衡量导弹的性能标准之一,一款好的导弹能做到最小限度的弹体完成最大限度的任务。而冲压火箭发动机是用空气中的氧气作为氧化剂,从而得到了高于固体火箭发动机的比冲。越高的比冲意味着越高的能量,随之而来的就是速度和射程的持续性增长。

KH-31导弹主要有两个版本,第一个是KH-31A导弹。KH-31A导弹是空射反舰型号,具备一定的反雷达能力。该型弹采用固体冲压火箭发动机，重量610千克（弹头重90千克），射程50千米~70千米，速度4.5马赫（高空）~2.5马赫（低空）。该型弹在服役后，虽然多次用演习证明了自己的特有价值，但是饱受诟病的就是射程近，战机和导弹要突入敌方防空火力圈内进行突防打击（西方国家当时的防空系统的火力延伸普遍超过了70千米）。为了提高KH-31A导弹的打击性能，苏联/俄罗斯对其进行了多次局部的改进。改进重点就是动力系统的燃料和推进方式，主要提高对舰的打击威力（力求能重创一艘DD-963"斯普鲁恩斯"级通用驱逐舰）。改进之后的KH-31A导弹重量提高到了700千克（战斗部重110千克），射程70千米~100千米，速度仍不变。弹体不做大改动而能有效提高导弹的性能水平，这是冲压发动机带来的好处。

第二个是KH-31P导弹。这是一款典型的反辐射导弹，与KH-31A导弹强调的"多用途"相比，这款导弹是真正意义上的反辐射导弹。它的反辐射导弹头针对预警机、宙斯盾舰艇的AN/SPY-1D（V）雷达、"爱国者"-3防空系统的AN/MPQ-53相控阵雷达，做出了极具针对性的优化。这款导弹的发射重量为600千克，弹头重90千克，最大射程110千米，最大速度是4.5马赫（高空）~2.5马赫（低空）。

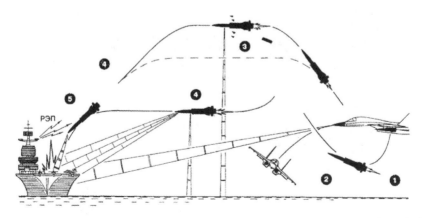

KH-31P导弹打击航母过程。1是载机首先发现航母（火控雷达下视跟踪），发射导弹，导弹爬升到巡航段3后开始工作（也可以中空巡航如4），5是导弹跟踪到航母的电磁信息后俯冲打击，命中航母。2是战斗机返航，属于"打了就跑"

20世纪90年代，我国从俄罗斯进口了一批KH-31P型反辐射导弹（用于苏-30多用途战斗机）。KH-31P反辐射导弹的引进，让我国首次拥有了对抗美国海军航母打击大队的能力（当然包括了苏-27SK战斗机和苏-30战斗机）。即使是按照美军"野鼬鼠"任务，我国在使用反辐射导弹重创宙斯盾战斗系统内的AN/APY-1D时（过去还未出现改进版本的"V"型），使用了AN/SPY-1D多功能相控阵雷达的导引，AN/SPG-62火控雷达也就很难为防空导弹照射。所以，KH-31P的出现给了我国反航母作战一个很大的提升。

1988年，苏-27战斗机携带的KH-31A导弹

2002年，苏-30战斗机携带的KH-31P导弹

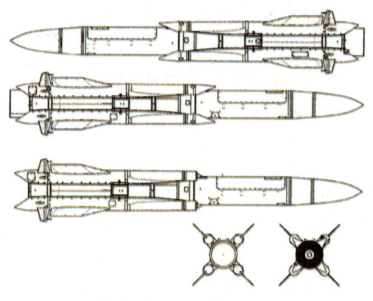

我国进口的KH-31P导弹结构线图

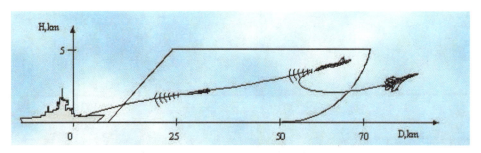

KH-31P作战过程示意图。舰艇的纵线为高度示意,横线为距离。由于雷达不能搜索到110千米外的舰艇目标,所以飞机只能在距离敌舰70千米外发射导弹

艺术的极致：反卫星导弹

顾名思义,反卫星导弹就是针对卫星展开作战的导弹,当然,它亦可以摧毁低轨的航天飞行器。目前在反卫星武器领域,走在世界前列的是中国、俄罗斯和美国三个国家。而空射反卫星武器最典型的,就是美国于1985年9月19日试射的ASM-135反卫星导弹。

ASM-135导弹是20世纪80年代初期里根总统上台后,提出"星球大战"的产物。通过在太空当中部署打击武器和打击太空武器,达到摧毁敌国战略武器系统的能力。ASM-135导弹作为打击敌国太空卫星系统的武器,具备瘫痪敌方部分预警卫星体系的能力,所以这一时期,ASM-135导弹得到了高度发展。

美国情报部门捕捉到的中国反卫星实验照片

西昌火箭发射中心被认为是中国反卫星和反导实验的核心基地。图为美国情报部门于2013年拍摄的西昌发射场卫星图

"红旗"-19（暂称）反导导弹，理论上也可用作反卫星作战

　　笔者在此首先明确一点，反卫星作战和反导作战，虽然充满了未知的变数，而且也经常以实验失败而收尾，但并不意味着这项计划会遭到冷落。相反，由于现今数字化媒体和信息化网络生活的传播，卫星系统的使用率逐渐普及，各种导航和定位服务也都在开通。所以，打掉对方的卫星，让对方的天基体系变得无用，就成了当今大国的主要努力方向。

　　实际上，我国在反卫星领域和反导领域的成就，虽然不为大众所知，也未向大众披露，但是从目前的相关报道来看，我国前后进行了十余次高标准的反卫星和反导实验（实验标准的苛刻程度远超美国），且无一例外都获得了成功。百分之百的成功，是严谨的科学态度换来的。

大胆的尝试：美军的反卫星导弹发展

　　美国是第一个研发反卫星武器的国家，在早年的宇宙空间测试上，就有类似的构想。1958年，美国空军就在发展一项代号为"WS-199"的武器系统项目。这款武器系统包括了一个核弹头，主要投射方式是空射弹道导弹（ALBm），这项武器系统的名称，则为"大胆猎户座"。

这款导弹的第一个版本，是由一个固体火箭为载体，弹头装有核战斗部，从B-47轰炸机上发射。1958年5月26日到1959年6月19日，导弹先后进行了多次的挂载实验。导弹的试射实验也展开过数次，导弹的射程定为100千米~1770千米。

为了测试该导弹对卫星的打击能力，美军在1959年10月13日特意准备了一场实验。该实验以高度为251000米的美国卫星探测器V1为目标，然后反卫星导弹在空中发射。这里需要说明的是，美国的该项实验的标准很简单，导弹只要能在视距内（一般为20千米）飞过卫星探测器V1就算成功。而实验的结果则是：反卫星导弹在距离卫星探测器V1仅仅6.4千米处飞过，实验获得了成功。

后来，美军又提出了"处女座"武器系统的研发概念，该系统和"大胆猎户座"一样，以火箭为弹身，加装新型导引元器件和核弹头。

除了空基反卫星系统之外，美国海军也推出了海基舰载的反卫星项目。不过这个项目因为经费的问题，在设计上都是以当时的防空系统为基础，通过加载设备，来扩展反卫星功能模块。其中，比较著名的就是在"海麻雀"防空导弹的基础上，加装火箭反卫星拦截器的反卫星导弹。

第一款投入使用的反卫星武器系统

第一个投入使用的反卫星武器系统，是一项代号为"505"的奈基-宙斯的反导系统（也可以投入反卫星作战）。奈基-宙斯反导防空系统具备拦截大气层内飞行器的能力。

1962年，美国国防部长罗伯特·麦克纳马拉创建了一个对抗苏联轨道轰炸计划的项目。这个项目的宗旨是想让奈基防空系统去拦截苏联的卫星系统。此外，如果苏联战略核武器投射到北美上空时，奈基系统也要能做到拦截。所以，这款反卫星、反导两用的防空系统，在这一时间得到了相当大的发展。同年，该系统在北太平洋进行了多次实验，实验结果表明，该系统是一个行之有效的防御系统。1963年，奈基系统在一次靶试中，成功拦截了一枚火箭靶弹。因为这些项目的顺利推进，奈基系统一直服役到1967年。

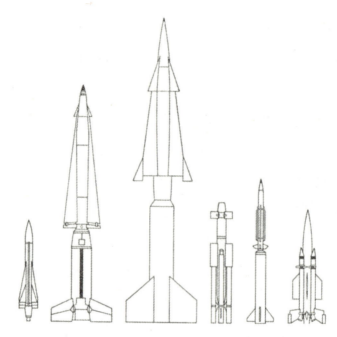

左二为奈基-大力神，左三为奈基-宙斯。这两款导弹与其他同时期的导弹武器相比，体积非常大，相应的造价也非常高。美国军方曾想将奈基系统覆盖全国，但是因为耗资巨大而被国会否决

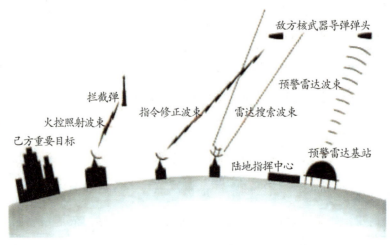

奈基-宙斯的作战过程示意图

ASM-135 导弹的出现

ASM-135 导弹是美国第三代反卫星导弹。该导弹在最初的研发阶段，代号为"PMALS"。ASM-135 导弹的发射平台是空军的 F-15 战斗机。

ASM-135 导弹由战斗部（核战斗部）、推进系统（助推火箭发动机和固体火箭发动机）、制导元件、功能系统、控制系统、导航系统和中继指令修正系统等多个部分组成。

1984 年至 1986 年，ASM-135 导弹先后经历了五次实弹打靶实验，其中最著名的一次，就是在 1985 年击中一颗 P-78-1 卫星的实验。这次实验是对 ASM-135 导弹在技术上、理念上的

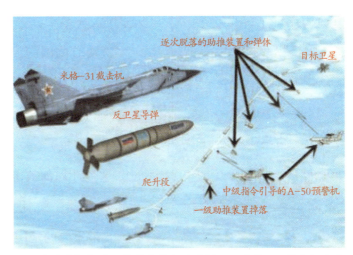

苏联的机载反卫星作战构想示意图。以米格-31截击机为平台，发射反卫星导弹打击卫星（这种打击方式和ASM-135导弹的打击方式相同）

一幅描绘F-15战斗机发射ASM-135反卫星导弹作战的油画

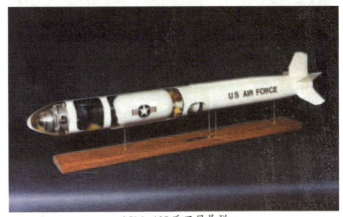

ASM-135反卫星导弹

双重肯定。

多次实验的圆满成功，意味着它离服役的距离越来越近了。按照美国空军的计划，ASM-135导弹初期将部署在美国本土的两个地方：一个是华盛顿（122枚），另一个是弗吉尼亚（48枚）。不过，这个计划却被美国国防部叫停。国防部认为，该项武器系统耗资巨大，多平台通用性不佳，而且最重要的是用途单一。

暂停美国空军的部署计划后，国防部有意大力发展以海基宙斯盾战斗系统为主的海基反导、反卫星武器系统。恰好在此时，美国海军的"提康德罗加"级导弹巡洋舰完成了一项动能拦截弹实验（KEI）。动能拦截弹是一种反导拦截弹，既可以拦截高速移动的弹道导弹，也可以打击低轨道的卫星。

1991年，苏联解体。苏联曾经发展的庞大军事体系，瞬间土崩瓦解。美军也在一夜间，失去了这个重量级的竞争对手。相应的，诸多针对苏军研发的武器系统和侦察系统，也随着苏联的解体而停止研发。ASM-135反卫星导弹就在此列。

1992年，美国国会正式宣布停止ASM-135反

进行反卫星实验的F-15战斗机和ASM-135导弹

卫星导弹的发展。其相关技术和图纸，全部封存至保险柜内。至此，前后发展了9年的ASM-135反卫星导弹在耗资36亿美元之后，正式结束了它的历史。

2.2 空中雷霆：空对面导弹

说起空战导弹，就不能不提空对地打击的导弹，或者对海打击导弹，这一类导弹被统称为空对面导弹，单从名字就能感受到这种导弹厉害的地方：从天而降的掌法，那当然是最厉害的了。

空对面导弹是用于打击装甲集群（或者点目标）、步兵集群和舰艇等目标而使用的武器。在第二次世界大战当中，驰骋在战场上的装甲集群和步兵群是交战各方的主要突击形式。一方若想歼灭或者重创对方的集群部队，要么投入等值或者更多的集群部队，要么就以各式面杀伤武器去打击。

"二战"中，面杀伤武器系统主要是炮群。炮群在战争中虽然始终都是无可争议的王者，但是相对于空中打击来说，在机动性、灵活性上都始终不如空中轰炸机群。但是，轰炸机群所受到的威胁，则高于地面炮群所受到的威胁（以"二战"时期欧洲战场为例）。在诸多著名的空中战役中，轰炸机出动作战，始终需要战斗机的护航。早期战斗机没有制导武器，也不能做到超视距外感知战场态势。对于伏击在云层内或者高度较高的敌方战斗机，也很难做到及时发现。所以，在空战当中，速度慢、体积大的轰炸机往往成了敌机的"佳肴"。

"二战"结束后，航空工业步入发展的快车道。诸多在"二战"末期形成的概念和理论，在战后这段黄金时期得到了长足的发展。为了提高战斗机的远程打击能力和远距离态势感知，各国都开始把雷达搬上飞机，除了给飞机提供空中情报支援外，还可以掌握最新的敌军动态发展。

　　山本五十六的座机在数架日机的护航下,仍被美机击落。缺乏远距离观察和打击的战机在战场上,往往只能做到"各自为战"

　　美国海军在"二战"后,首先研发了一款代号为TBM-3W的舰载固定翼预警机。通过在原有舰载战斗机或者舰载运输机的基础上,加装AN/APS-20雷达系统,从空中探测地面/海面,大大扩大了探测范围、提高了探测精度

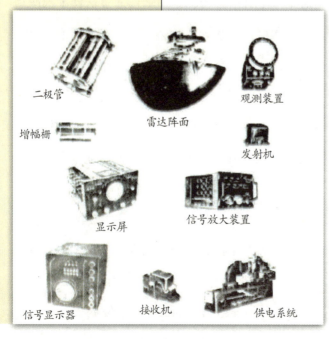

二极管　　　　雷达阵面　　　观测装置

增幅栅

发射机

显示屏　　　信号放大装置

信号显示器　　　接收机　　　供电系统

　　AN/APS-20雷达系统的组成(这些硬件并非全都使用在飞机上,部分飞机只有部分硬件)

舰载预警机只是一套打击样式（或者说战术）改革的开始，航空武器也开始向着"远程打击"方向发展。在这一领域，比较著名的就是FFAR（可折叠尾翼航空火箭）"巨鼠"航空火箭弹。

空空火箭是一种无制导的机载火箭弹，弹道相对于航炮来说，趋于"平直"。美国空军从1943年开始，就计划在战斗机上装备该系统。虽然这种武器系统没有制导模式，但是射程远（超过了1千米，比航炮要远），弹道性能好，速度快。在追尾作战和迎头作战时，都会有意想不到的效果。

当这种武器投入到一线作战部队使用时，先后暴露出了诸多技术问题，例如发射后的尾烟容易进入航空发动机内，无制导设备，命中率非常

MK 4 型 FFAR，弹径70毫米，射程1.8千米。这种武器系统的开发时间早于战后第一代空空导弹，是空空导弹武器系统中的先驱

低。因为这些原因，这种航空火箭在服役后的一段时间里，被当成了对地打击弹药使用。但是在地面防空部队换装新式高射炮和防空导弹系统之后，这种武器逐渐退役。

F-86D战斗机所使用的火箭巢

2.2.1 撕裂大地：美国空对面导弹发展

美国在空面武器系统方面的发展一直是最快的。在越南战争期间，"小斗犬"空地导弹就是美国的杰作。但是到现在，美国空军和海军使用的空面武器，开始陷入了"僵局"。

以美国海军航空兵所使用的新型 LRASM-B 导弹为例。这种反舰武器系统是美国新一代的机载远程反舰武器（也可以用作对陆打击），除了空军的 B-52 轰炸机等机型可以使用外，海军航空兵的 F-18 战斗机也可以使用。这款射程超过了 800 千米、具备隐身能力的反舰导弹，与当下其他军事强国的远程反舰武器比较，还有不足。

目前舰载防空系统越来越先进，对于来袭的反舰武器也拥有了越来越

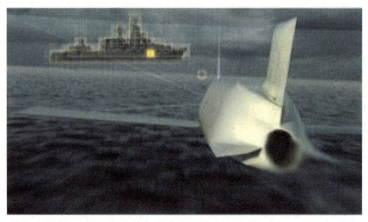

宣传片中的 LRASM 导弹。末端采用红外成像制导，速度仅为 0.85 马赫

强的拦截能力。为了突破现役舰载防空系统的拦截网络，中俄两国都开始在反舰导弹上融入隐身化（尽可能缩短被发现距离）、智能化（自行完善打击程序）、高速化（速度普遍超过了 3.5 马赫，并开始向着 6 马赫~8 马赫发展，中国的 DF-21 和 DF-26 反舰弹道导弹末端速度甚至超过了 13 马赫）、防区外打击（射程都超过或接近 300 千米）。其中在最重要的隐身化、防区外打击、高速化上，LRASM 导弹都有差距，只在射程和隐身性上具备优越性。对于舰载防空系统来说，低速目标都是较容易拦截的，即使隐身能力再高，也不过是缩短了被发现

的距离。即使是防空系统在 LRASM 反舰导弹飞行末端发现它，也依然有足够的反应时间将它拦截。

远程反舰导弹部分设计理念上的不足，并不代表美国在空面武器技术上的落后。相反，作为一个超级大国，美国还是有很多技术和经验值得各国借鉴和学习。它的空面武器的发展理念，也是值得我们了解的。

AGM-12"小斗犬"空地导弹

AGM-12导弹是洛克希德·马丁公司于1954年开始研发的一款无线电指令制导的空舰/空地导弹。这款导弹最初装备于美国海军，其战术思路，来自于战况激烈的朝鲜战场。

在朝鲜战场上，美国海军舰载机在鸭绿江边进行战场遮断任务时，经常会遭受到志愿军的地面防空炮火的袭击和空中的米格战机的拦截。在陆空多层次的打击下，美国海军舰载机部队损失惨重。战争后期，美国海军有感于朝鲜战场的战例，便向洛克希德·马丁公司提出了研发一款可用于在敌方"难以发现"的距离外，投掷精确弹药的武器系统。

1959年，首批"小斗犬"导弹开始生产，但是按照美国海军的命名规则，该批次的导弹名称为"ASM-N-7"。直到1962年，该导弹被美国空军录用后，才将名称改为"AGM-12"。

"小斗犬"导弹在投入使用的初期，主要的打击目标是桥梁、雷达站、舰艇之类的重要军事目标。为了充分汲取朝鲜战争带来的教训，美国海军在模拟使用时通常会多机协同出击，尽可能减小对自由落体炸弹的依赖。

"小斗犬"导弹主要有

旧名称	新名称
ASM-N-7 GAM-83	AGM-12A
ASM-N-7a GAM-83A	AGM-12B
ASM-N-7b	AGM-12C
GAM-83B	AGM-12D

"小斗犬"导弹新旧名称对照表

第2章 科技前沿：世界著名空地导弹

自由落体的常规炸弹虽然在精度、射程上都不及精确制导的"小斗犬"导弹。但是在价格上非常有优势,它仍成为当时美国空地打击武器的中坚

5个型号。AGM-12A导弹是初期版本,以Mk 8固体火箭发动机为动力系统,战斗部重113千克,导引部设置了一个无线电的制导仪器。无线电制导是利用机载的无线电去探测、跟踪目标,在中继的时候,也以无线电去控制导弹的控制舵。这种技术是最早的制导原理技术,但是到了电子对抗作战概念愈加发达的现代,这种制导技术已经很难再有战果了。所以,无线电制导技术已经基本淡出了我们的视野。

当美国海军使用"小斗犬"导弹饱受好评之后,美国空军又在AGM-12B导弹的基础上,通过改进固体火箭发动机和导引头,提高了导弹的射程、速度和精度。在越南战场上,射程16千米,速度1.8马赫,装药453千克的AGM-12C导弹通过战术侦察机的引导(战术侦察机确定目标,攻击机实施打击),打击地面的越军。

在某次空中打击行动当中,越南人民军在地面部署了多个高射炮连掩护游击队的行动。这被高空执行侦察任务的美军战术侦察机在红外探测设备上观察得一清二楚。随后,通过无线电将目标的方位坐标报告给了攻击机，攻击机发射AGM-12C导弹准确击中目标。

名称：AGM-12C导弹

动力系统：固体火箭燃料发动机

战斗部：453 kg半穿甲高能炸药

最大速度：1.8 Ma

最大射程：16 km

发射重量：810 kg

越南战争后期，美国空军为了提高对地打击任务的效率，在AGM-12B导弹的基础上，研发出了AGM-12D导弹。AGM-12D导弹与AGM-12C导弹最大的不同，就是将传统的战斗部更换为核战斗部。

核战斗部无论在威力、散布方面都比传统的炸药要强（同级别的情况下）。美军更换为核战斗部，除了应对越南人民军的游击战外，更重要的就是针对苏联在东欧部署的大量兵力。

在欧洲，北约为了对抗和应对苏军可能的进攻，在北欧、中欧、南欧都组织了多道防线。苏军军力庞大，战车和坦克相当多，地面的步兵集群也多于北约国家。传统的炮群和航空炸弹对于大规模的机动集群，在机动性和威力上都难以满足北约国家的防御需求。为此，发射核炮弹的远程火炮、单兵使用的核战斗部火箭筒、战机投掷的核战斗部炸弹都在这一时期得到了发展。体积小、威力大、机动性强是这些战术核武器的特点。

AGM-12D导弹装备的W-45核战斗部，当量可在1000吨TNT～15000吨TNT之间切换，最大携带重量是113千克。核弹药对于防守在阵地工事内的守军来说，是一款致命的武器。以广岛、长崎的原子弹为例，当量分别为14000吨TNT（代号为"小男孩"）和17000吨TNT（代号为"胖子"）。"小男孩"原子弹在爆炸时，瞬时温度达到了3000℃～4000℃（爆炸总能量22万亿焦耳），风速达到了440米/秒，已经超过了一倍声速（半径1000米内的风压为100万帕斯卡对人可致命，1000米～2000米的风压为30万帕斯卡，可使人

美国陆军开发的远程火炮系统，该炮可发射核炮弹

1962年进行的打击实验

W—54核弹头。当量可在10吨TNT～20吨TNT之间选择

发射架。该系统有口径120mm的M—28发射架（射程2km）和口径155mm的M—29发射架（射程4km）两种选择

平台既可以是单兵携带（展开），也可以挪至装甲车和吉普车上

美军于20世纪六七十年代装备的核火箭筒。这款火箭筒可车载，也可以单兵携带

重伤或者致命）。随后的辐射线和辐射物质，不但可以污染地质、杀死动植物，还会让被打击区域长期难以达到生活标准。长崎核爆后，先后有20万人（不排除失踪、瞒报，具体数字应该大于20万）因为辐射、超高温而死亡。据悉，由于温度太高，处于核爆范围内的不少人直接"蒸发"。

苏军大兵团作战，装甲集群的突击，在面对核武器开拓出的"死亡区"，即使损失很小，战略活动空间也会受到制约。

但是，陆基车载和单兵携带的核武器，机动性和存活性太低（单兵携带的核火箭筒，射程2千米，发射武器的士兵根本逃不了）。空基发射的AGM—12D导弹则不存在这类问题。

AGM-12D 导弹射程远，威力大，阻断地面大规模集群的进攻非常适合。

名称：AGM-12D 导弹

射程：11 km

速度：1.8 Ma

战斗部：113 kg 常规战斗部或者当量 1000TNT ~ 15000TNT 的 W-45 核战斗部

W-45 核战斗部。里面包含了核弹头、编组解码单元、发射单元和弹体。内置的安全装置和引信在弹头上部

20 世纪 70 年代，美军在 AGM-12C 导弹的基础上，开发出了一款反人员集束炸弹。这种精确制导的集束炸弹目的是能够有效打击"一片"区域内的目标。

AGM-12E 集束炸弹原理类似于子母弹，弹头内装载了 800 颗"小型炸弹"。这种武器一旦投出，就会在目标上空分散并在地面爆炸。当 800 颗小型炸弹爆炸并产生大量弹药破片的时候，地面被袭击的人员很难生存（如果有掩体则另说）。举一个例子，在叙利亚战争期间，俄罗斯军队对一个"有恐怖分子驻扎嫌疑"的村庄使用了一枚集束炸弹，整个村庄瞬间被"无差别"轰炸。美军开发出这种武器，一方面是为了提高对地任务的效率，更重要的就是节约弹体成本。

事实上，能执行这种大规模轰炸任务的，当时的美国空军只有类似B-52这样的大型轰炸机才能做到，一般的F-111战斗轰炸机和F-105战斗轰炸机根本做不到这样的轰炸任务。但是，大型轰炸机的使用成本和维护成本非常高昂，出动一个架次的经费相当于战斗机的十倍。所以，集束炸弹在可以降低使用成本的前提下，精度、弹药（散布）密度都要高于重磅炸弹。在此也需说明，大型轰炸机投下的重磅炸弹在威力上要强于集束炸弹。当然，在高强度的战役任务下，大型轰炸机携带大量集束炸弹作战，作战效果是最好的。

集束炸弹散落在空中的"子弹"，其"母弹"也同样具备爆破杀敌的能力

AGM-114"地狱火"反坦克导弹

"地狱火"反坦克导弹是世界知名的对地打击弹药，通常都是由AH-64"阿帕奇"系列武装直升机和AH-1系列武装直升机携带。该型导弹于1971年开始研发，1985年开始装备部队。一经装备就开始供美国在欧洲的军队使用。

AGM-114反坦克导弹由战斗部、导引头、动力系统、功能系统等系统组成。在服役之初，就在实验场地上进行了打靶实验。靶试数据显示，

AGM-114导弹是一款精度高，飞行稳定，威力大的先进反坦克导弹。这款反坦克导弹可有效对付苏军主流的T-54/55和T-62坦克。即使是更加先进的T-72和T-80/84坦克，它也能做到重创。

由于AGM-114导弹服役时间早，现今也衍生出了一个庞大的家族。在这个家族当中，主要的分支为以下几个。

AGM-114：基本型

这是AGM-114的基本型，可以理解为未服役的实验型号。该弹由固体火箭发动机推进，导引头采用的是半主动激光制导。最大射程8千米，最小射程500米，最大速度1.24马赫。

AGM-114的导弹基本组成

AGM-114A：量产型

AGM-114A导弹是AGM-114导弹系列首款正式投入生产的型号。这个版本的型号是一个良好的开端，其采用的是半主动激光制导的导引方式，射程8千米，全重45千克，战斗部采用的是8千克的高爆反坦克弹药（HEAT）。

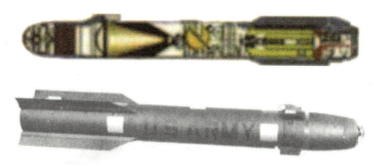

AGM-114A导弹

第二章　科技前沿：世界著名空基导弹

在美军进攻巴拿马的战役中，AGM-114A导弹是"阿帕奇"武装直升机的绝佳搭配武器。这款导弹不需要像陶式反坦克导弹那样，在发射后用铜线引导导弹打击。在直升机发射导弹后，直升机会使用光线引导"地狱火"打击。在整个引导期间，直升机可以做出诸多的规避机动动作，提高了载机的战场生存率。

AGM-114B/C/D/E导弹

后面型号在前面型号的基础上逐步改进而来。

AGM-114B/C/D/E导弹在AGM-114A导弹的基础上，改进了火箭发动机（换装的是新式的M-120E-1低烟火箭发动机），并将导引头升级，具备了一定的红外搜索打击能力。

AGM-114D/E导弹又进一步地改善了导弹的导航系统，但是并未投入生产。

AGM-114F/G/H/J导弹

AGM-114F导弹升级了导弹的战斗部和导引头。通过提高导引头的灵敏度，达到了精度提高的目的。战斗部也改进为串联HEAT战斗部，战斗部内装药9千克。但是射程相对于AGM-114导弹前系列来说，降到了7千米，射速也有所降低。射程和速度的降低，应该是结构重量增加所致。

在F型生产之后，美军试图在F型的基础上，提出新的改进版本，但是由于经费的原因，后来都被废止。

AGM-114K/P导弹

该型号强化了对装甲目标的毁伤，同时换装了一台更大功率的火箭发动机。在弹重增加的情况下，射程（9千米）和速度都得到了强化。目前，该型号满足了通用化的需求，既可以车载，也可以机载和舰载。制导方式也变得多样，除了添加了数字化导航系统、电子光学对抗系统等装置外，还升级了激光制导系统。性能的巨大提升，造价金额也随之上涨，据悉,该弹在生产时,造价是65000美元。在那时,算是非常昂贵的。

AGM-114L 导弹

AGM-114L导弹是毫米波导引头版本,中途采用的是惯性制导。最大射程9千米,采用的是9千克的串联

步兵战车上安装的
AGM-114K 导弹

HEAT 战斗部。毫米波制导体制,让 AGM-114L 导弹具备在一定的恶劣天气下作战的能力,全天候作战的能力也得到了相应的提升。

但是,这款武器同样受天气情况限制,在大雨环境下,它的性能也受到了非常

采用了毫米波制导的
AGM-114L 导弹

大的干扰。同时,在制导精度上,也很难和激光制导相提并论。

AGM-114M 导弹

AGM-114M导弹是AGM-114导弹系列中最特殊的一款,这款针对的目标是防御工事、低速低空的空中目标、小型舰艇和车辆(装甲厚、火力强的目标则难以打击)。战斗部的爆破燃烧弹药可瞬间烧毁大片区域。这种武器的灵感来自白磷弹、燃烧弹。但是作战灵活性又高于当时美军服

役的燃烧弹和白磷弹等燃烧杀敌的弹种。

首先，轰炸机投掷的燃烧弹，虽然体积大、威力强，但是对于需要"直射"或者"曲射"的目标，则会显得相当局促。而单兵携带的燃烧弹火箭筒和车载的燃烧弹火箭筒，在射程和机动空间上，又不如从直升机和攻击机上发射的。而美军在城市战、游击战等多场局部战争上，又深入这个陷阱不能自拔。这个例子最为典型的就是摩加迪沙之战，美国特种部队折载，在特种部队进入市区后，被当地武装包围。在每个街区，每个房屋，都有当地武装从房顶和窗边向美军车队射击（主要是AK步枪和RPG火箭筒）。

AGM-114M 导弹

当时美军单兵能够发挥的最大火力的武器，除了车载的M2大口径机枪外，就只有枪榴弹。支援的"黑鹰"直升机（SH-60）和"小鸟"侦察直升机（OH-58D）虽然及时给予了支援，但是由于火力的限制，这点支援显得微不足道。

所以，如何在短时间内，让直升机为地面部队提供"瞬间区域杀伤"的支援火力，就是AGM-114M导弹的发展方向。

AGM-114M导弹虽然体积小，战斗部装药量少，但是8千克的爆破燃烧弹头，仍然能够制造半径100米的火力杀伤范围，这是非常可观的。

AGM-114N导弹

AGM-114N导弹是温压弹版本——通过将战斗部换装为温压弹弹头而推出的新改型。这款导弹对厚重装甲目标的打击能力非常弱，只能做到对轻装甲目标和步兵集群目标的有效杀伤。

AGM-114N工作过程示意图

该弹最大射程8千米，主要针对的目标是城市战封闭的房屋和野战工事。

AGM-86导弹

AGM-86导弹最早的设想是20世纪50年代美军开发的ADM-20空射远程诱饵弹,这款诱饵弹武器是为了提高轰炸机突防的能力(让敌方的防空火力射击诱饵弹)。在这一设想内,MX-2224和XGAM-71这两款诱饵弹是项目方案的主要型号。在发展MX-2224和XGAM-71的同时,美国空军还在发展XQ-4超声速靶机。

但是到了20世纪60年代末，美国空军又认为ADM-20诱饵弹项目并不符合未来美国空军的发展。因为轰炸机在执行轰炸任务时，需要突防地面的防空

ADM-20诱饵弹吸引敌方防空火力,掩护轰炸机突防,是它的使命,即使它随时会被击落(无人)

B-52轰炸机投下诱饵弹

火力(高射炮难以命中高空飞行的轰炸机,所以更多的是依靠防空导弹。但是,防空导弹同时交战数量有限),会对轰炸机群造成重大损失。如果由已有的ADM-20方案衍生一款可以在敌方地面和海上的防空火力圈之外进行打击的武器,损失率会降低,作战效率更高。

1973年6月,ADM-20项目全面停止,取而代之的是一款新型空射巡航导弹项目。1974年,在ADM-20项目的基础上改进而来的空射巡航导弹开始了设计。由于是在成熟技术上改进设计,所以这款导弹的研发进度非常快。到了1975年,新导弹就开始了实验。

1976年3月5日,新型巡航导弹开始了实验,代号为"AGM-86A"。至此,新导弹的项目正式确定,AGM-86导弹也开始进入了空军的发展视野。

AGM-86A导弹

这款导弹是实验型号，并未投产也未服役。作为实验型，它只是模拟基础的飞行轨道和数据。

名称：AGM-86A导弹

射程：1300 km

精度误差：185 m

最大速度：0.66 Ma

制导系统：惯性制导+地形匹配

战斗部：122.5 kg的W80-1核战斗部，当量20万吨TNT

AGM-86B导弹

AGM-86B导弹是AGM-86导弹家族首款投入服役的型号，但是该型号产量很低。在军队内，应该也是试用的性质。与AGM-86A导弹相比，AGM-86B导弹可以携带核战斗部。

在激烈的美苏对抗上，核武器始终是热点。只需一枚小当量的核武器，就可以重创一个师乃至一个集团军。它的恐怖虽然是各国都已心知肚明的事实，但是在巨大的"战术优势"甜头面前，早已被冲昏头脑的高层都在将核武器通用化。AGM-86B导弹和诸多核导弹可以满足多个平台多个战区的使用需求。

1978年，该导弹在美国南部的实验场，进行了一次绝密性质的武器实验，B-52轰炸机在高空投掷了一枚携带了核战斗部的AGM-86B导弹，导弹在飞行一段时间后，控制系统失灵。

在获悉这个消息后，实验负责人立刻通报了附近的防空部队，指示他们如果发现了该弹的踪迹，就立马实施拦截。可是，防空部队的雷达网络始终没有发现导弹的踪迹。就在一筹莫展的时刻，空中巡逻机队在一处沙漠地带发现了该导弹。

根据现场勘察，导弹的战斗部并未引爆，因为引信系统未启动，导弹

飞行中的AGM-86B导弹

在地面摩擦一段距离后，就失去了动力。这次事故虽然没有造成人员和财产损失，但是在美国军方高层中引起了强烈的震动。美国部分军方人士认为，在本土部署空基和陆基核武器的数量应该减少，更多的核武器应该部署到盟国。

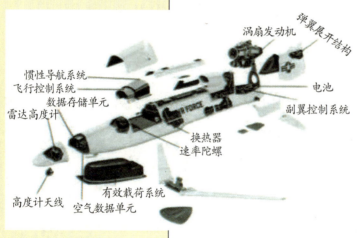

涡扇发动机
弹翼展开结构
惯性导航系统
飞行控制系统
数据存储单元
雷达高度计
电池
副翼控制系统
换热器
速率陀螺
高度计天线
有效载荷系统
空气数据单元

AGM-86B结构图

所以，以今日的眼光来看，美苏对抗时期众多的核武器通用化概念虽然在一定程度上能够遏制、延缓敌人的进攻，但是自身也等于被绑上了火药桶。这种不确定的特殊情况如同阴霾，美军至今仍未挥去。

名称：AGM-86B导弹

射程：2500 km

速度：0.6 Ma~0.72 Ma

飞行高度：7.6 m~152.4 m

精度误差：30 m

制导模式：地形匹配+惯性导航系统

AGM-86C导弹

AGM-86C导弹是汲取了AGM-86B导弹的教训后，改良而来的一款常规弹头巡航导弹。通过换装一枚900千克常规弹头，加入GPS导航系统衍生出的改进型。

在海湾战争期间，这款导弹通过B-52轰炸机发射，摧毁了众多的伊军军事目标，在多次战役当中，都为地面部队提供了切实有效的火力支援。其中，最著名的一次打击，就是由伊尔上尉执行的对陆打击任务。

伊尔上尉在一次执行任务时，地面步兵被伊军暗堡所压制。地面炮兵群因为在其他战役区域支援，无法赶到该区域内支援。空中的支援机群在补给，暂时也无法给予支援。面对一个步兵排的生死存亡，伊尔上尉毅然驾机赶赴任务空域。

在得到地面的情况后，B-52轰炸机首先投掷了一枚AGM-86C型导弹，但是由于误差太大，对暗堡的杀伤力非常有限。暗堡内的伊军在短暂停止射击后，又开始对匍匐在地面的美军小队进行了射击。在进一步校准地面暗堡的坐标后，B-52轰炸机再一次发射了AGM-86C导弹，导弹在飞行一段距离后，准确地击中了暗堡。

后来，伊尔上尉听闻自己以一枚导弹挽救了数百名美军战士的性命，取得加快了伊军防线崩溃的战果后，他也感到不可思议。

由于自身的精度并没有达到"反舰"的级别，所以它的主要用途，仍是在防区外对地打击上。20世纪80年代，苏军陆基防空体系进行了升级，这款导弹虽然在射程上拥有无可争议的优势，但是速度慢，制导手段单一，所以突防成功率非常低。

名称：AGM-86C导弹

射程：1500 km

战斗部装药：900 kg

2.2.2 光辉岁月：苏俄空对面导弹发展

突击思维下的苏联空面导弹的发展

苏联空中力量除了截击和前线支援之外，核心的作战任务就是突击，突击方向是地面和海洋。陆地向着西欧方向、远东和美国本土三个方向打击；海洋突击则是配合海军和海军航空兵，向美国海军的舰艇群发动打击。

空面武器的发展

苏联对陆空面导弹的发展，最早可追溯至1947年开始研制的AS-1空地导弹。这种导弹是苏联在德国流亡科学家的配合下，研制出的战后第一款空地导弹。这种导弹的外形，就像一架小型的米格战斗机。

这款导弹是苏联战后发展的第一代导弹之一，导弹由一台火箭发动机提供动力，导引头装有波束制导和半主动雷达设备。战斗部则是多种多样，它可以携带12000吨TNT当量的核战斗部，也可以选择携带600千克的常规战斗部。如此大的威力，除了针对地面的大规模作战集群外，还包括了海上机动的航母打击大队。

由于射程远（90千米~100千米），速度快（0.9马

轰炸机挂载的AS-1导弹。由于是垂直尾翼，它在工作时都是自由落体后，在空中自行开启动力系统和导引系统

赫），这款导弹在初期是非常先进的。而且，该导弹平台通用性佳，所以，在苏联扩展己方影响力的时候，AS-1导弹就成了最佳

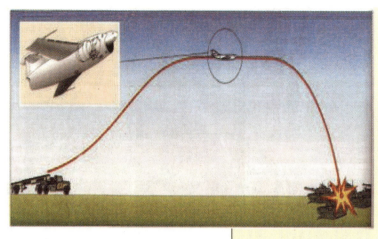

的技术担当。在中东战场和美苏古巴导弹危机事件中，都能看到这款武器的影子。至今，朝鲜仍部署有少量的AS-1导弹。

在AS-1导弹的设计经验基础上，苏联又开始了AS-2导弹的设计工作。这款导弹从20世纪50年代开始研制，20世纪60年代装备海军航空兵和空军，最大射程达到了110千米。它最富有新意的地方，就是具备多次飞行轨道控制的能力。在发射之初，它爬升到10000米的高空，进行巡航（惯性制导）。当接近目标时,就开始俯冲降低轨道，这时的高度仅800米~1000米。在距离目标10千米~16千米时，导弹再次压低高度到50米以下。末端打击依靠的是主动雷达导引，作用距离为10千米左右。

需要指出的是，这类的远程打击武器由于技术还不成熟，所以需要飞机进行中段控制。这个控制距离，一直延伸到导弹足够可以开启雷达后，飞机才能转头离去。所以，早期的导弹虽然射程远，但是对情

与AS-1导弹相比,AS-2导弹在体积上缩小了许多,重量也有所下降。但是作为一款打击导弹,它还是太大了

图-95轰炸机空投AS-3导弹的照片。AS-3弹长14.96米,弹径914毫米,弹翼展开后1.85米,它的重量则是11吨

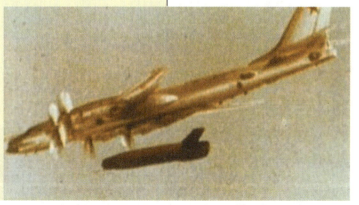

报的支持是非常依赖的。

与AS-2导弹拥有同样缺陷的AS-3导弹,几乎和AS-2导弹是同一时间公布,虽然战斗力和威力要比AS-2导弹大很多,但是这个威力和战斗力是建立在"体积和重量"上,而且还更大更重。

AS-3导弹是米高扬设计局(这个设计局是苏联时期非常知名的,很多经典武器都出自该设计局之手)设计的,它是同时期苏联第二款大型远程空地打击武器,也是目前世界上最大、最重的空地导弹。这款导弹以无线电指令制导(中段飞行)和主动雷达导引组成(改进型则是惯性制导和主动雷达导引),配备一台涡轮喷气发动机。由于体积大,这款导弹没有使用固体火箭发动机,而是以战斗机使用的涡喷发动机,从核心机的基础上进行了改装,主要是燃烧室和涵道比的缩小,以适应导弹的安装空间。

形象地说,可以将AS-3导弹看成是"一架执行自杀式攻击的'战斗机'"。是的，这款导弹无论是长度还是体积，比当时多数战斗机都要大。以苏联空军使用的米格-15战斗机和米格-19战斗机为例，米格-15战斗机长度在10米~11米，空重为3.6吨左右。米格-19战斗机长度为12.5米，空重8吨~9吨。新锐的米格-21除了在长度上略超AS-3导弹之外，重量也没有达到AS-3导弹11吨的水平。所以，可以想象，这款导弹的重量和体积是多么夸张，夸张到图-95轰炸机只能挂载一枚AS-3导弹。

名称：AS-3导弹

长度：14.96 m

弹径：914 mm

弹重：11 t

动力系统：一台涡轮喷气发动机

制导系统：无线电指令制导+末端主动雷达/惯性制导+末端主动雷达（改进型）

射程：480 km ~ 650 km（改进型）

最大速度：2 Ma

战斗部：2300 kg高能炸药或者当量1000万吨TNT的核战斗部

AS-4"厨房"导弹

AS-4导弹是继AS-3导弹之后，苏联第二大、第二重的空射导弹。这款导弹性能较为先进，一般都是由图-22B轰炸机（包括图-22M系列轰炸机）、图-95轰炸机携带。除了AS-4导弹这个代号外，它还有着X-22导弹（KH-22导弹）的名称，这个名称是海军航空兵和空军使用的名称。

AS-4导弹采用的是"飞机式"的气动设计，也就是说，它的外形看上去就像一架小型战斗机。它有导引部、战斗部、控制系统、电源系统、动力系统、尾翼等。最大射程大于500千米，最高速度2.5马赫。

AS-4导弹服役之后，随即被苏联空军和苏联海军航空兵大范围使

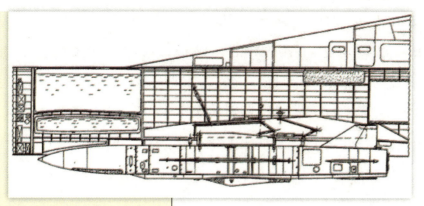

图-22M3挂载KH-22N
导弹的结构剖图

用。其中，图-22M2轰炸机就可以携带3枚KH-22导弹执行作战任务。

在20世纪80年代（准确地说，是自1978年后），苏联海军就确定了反航母作战的体系和章程。在这个反航母体系的框架内，图-22M轰炸机是最重要的一环。因为它在图-95侦察机（当然，也可以是其他侦察平台）引导下，会作为第一波的打击核心，去袭扰、破坏美国航母的阵位和航母战斗群外层的防御舰艇。

由于图-22M轰炸机速度快，具备良好的机动性。所以从它的突防效率和火力打击的投射量来说，要高于图-95轰炸机和攻击机。在多次局部的海空协同作战演习上，图-22M轰炸机都是作为反航母作战的尖刀，在为水面舰艇群（搜索-打击群、侦察-突击群、反潜-突击群）的战役组织争

图-22M轰炸机挂载的
AS-4导弹

取时间窗口的同时，还要做到逼迫美国海军航母打击群暴露战略意图和战术阵位。

名称：AS-4导弹

弹长：11.3 m

弹径：900 mm

动力系统：一台固体火箭发动机

弹重：6 t

战斗部：1000 kg高能炸药或者当量35万吨TNT的核战斗部

射程：400 km～500 km（改进型）

制导系统：惯性制导+末端主动雷达/惯性制导+被动雷达导引（反辐射用途）

最大速度：2.5 Ma

AS-5导弹

AS-5导弹是一款空舰导弹，作战对象是巡洋舰、航空母舰、大型运输船之类的海上大型目标。这款导弹服役时，还向多数亲苏反美反西方的国家出口，埃及和伊拉克等国家都进口了不少，用于海防。

AS-5导弹由苏联OKB-155-1设计局研发，主要是为了替代老型号的导弹。1958年，这款导弹进行了首次实验，主要是元器件的综合飞行的实验。1961年，该弹进行了靶射实验，实验中该弹的命中率达到了80%。除了因导引头丢失目标而脱靶外，其他均很成功。

AS-5导弹的尾翼后掠角度是55°，与苏联空军装备的战斗机后掠角度非常接近。弹体都是由全金属的材料制作，在结构强度上得到了保障。在最前的导引部上，155设计局给它安装的是一款主动雷达导引头，这款导引头工作距离是13千米，采用的是角度搜索模式。角度搜索模式虽然在搜索时会有很大的"视线盲区"，但是由于更新速率高于目标机动速度，所以仍能使用。但是，这款导弹的性能，在现今先进的防空系统面前，无论是命中率还是抗干扰能力和突防能力，都要差很多。

造成这种后果的主要原因是现今防空导弹系统的特点，它的搜索雷达和火控雷达，都能够在导弹还未进入末端突刺的情况下，跟踪并拦截导弹（远程空空导弹甚至能够将发射平台拦截），而与AS-5导弹同时期的舰载防空系统，则很难做到（首先一个地球圆曲率就让多数防空系统对导弹的探测距离压缩至20千米左右，20千米对于AS-5导弹这种末端高速导弹来说，完全可以做到在敌方来不及反应的情况下，命中目标）。

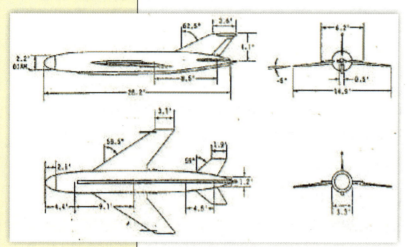

AS-5导弹结构图

　　除此之外，AS-5导弹最骄傲的，就是它重达840千克的穿甲爆破战斗部。这个战斗部的分量，远远超过同时期的其他反舰导弹战斗部(常规弹头)的重量，借助速度超过2.8马赫带来的强大动能，AS-5导弹可以一举重创或者击沉一艘航空母舰。

　　在20世纪六七十年代这一段时间里，苏军航空兵最依赖的，除了AS-4"厨房"导弹之外，就是AS-5导弹。依靠轰炸机的战术机动性，从远程打击美国海军航母打击大队，借此，弥补苏联海军舰艇群的实力不足。

　　名称：AS-5导弹

速度：2.8 Ma

最大射程：170 km

制导模式：惯性+末端主动雷达/惯性+末端被动雷达（改进型）

动力系统：固体火箭发动机

战斗部：840 kg穿甲爆破弹药

AS-6导弹

AS-6导弹是苏联空射导弹史上重量第三，体积第三的空面导弹。这款导弹由于体积大，重量大，超过了多数战斗机和攻击机挂架载荷的极限，所以它只能由轰炸机携带。这款导弹由虹导弹机械制造设计局研发，主要用于打击大型的海上舰船和陆地纵深目标。

这款导弹采用了此前AS-4导弹的设计经验，摒弃了飞机式的气动布局设计，导弹整体的飞行特性更流畅。在弹体中后部，安装了两对大后掠的切梢三角形弹翼，这种弹翼主要的贡献就是导弹在高空高速飞行下，提供稳定的姿态控制。

轰炸机左方机翼下的AS-6导弹，可见单位体积之大

1970年，该型导弹通过了苏联国防委员会的靶试验收，正式进入航空兵部队服役。其作战理论，也是相当成熟的。

苏军此时拟定的标准战术如下：首先出动4架图-22P侦察机用于确定美国航母方位并指引目标，在一些情况下将会出动歼击机予以掩护。一旦发现目标，其中两架侦察机将会保持原先飞行高度并传送相关坐标位置。其余的两架侦察机将下降到100米高度并尽可能接近敌方编队，以便准确判定对方编队船只组成与坐标位置。之后，图-22P侦察机把准确信息传递给待命攻击的图-22K机群。一般攻击将会出动1个图-22K航空兵团，由24～30架图-22K以及4～8架图-22P电子战飞机组成。全团会分成4个攻击机群，轰炸机群飞行高度在9700米～10600米，机群飞行间隔时间3分钟，导弹将会在300千米外发射，而图-22P电子战飞机将会对敌方舰载雷达、防空雷达以及对方舰载机的机载雷达实施有效干扰。第一攻击波将会连续发射8枚装核战斗部的AS-6导弹，对美国航空母舰编队面目标进行打击，而不是针对某个具体目标。这时，对方的无线电设备反应能力明显下降。这样，第二波次的AS-6导弹再继续攻击剩余目标。在导弹发射后，载机即刻返航。

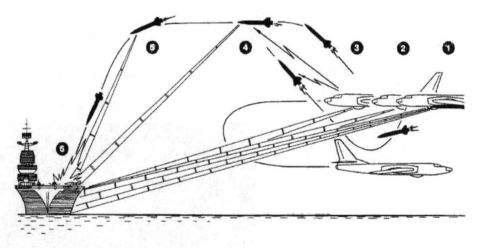

典型的导弹打击示意图。1.确认目标 2.伴随压制 3.导弹发射 4.导弹中继 5.导弹开启自搜索系统 6.命中目标

名称：AS-6（KSR-5）导弹

最大速度：3 Ma

射程：250 km（低空） 600 km（高空）

导引系统：惯性制导+末端主动雷达/惯性制导+末端被动雷达

引信：触发/非触发引信

战斗部：1000 kg高爆炸药或者35万吨TNT当量核战斗部

弹重：5 t

弹长：10.56 m

弹径：920mm / 2600mm（翼展）

AS-7导弹

AS-7导弹是一款战斗机使用的小型对地精确打击导弹。其定位类似于美国军方使用的"小斗犬"导弹。这款导弹于1968年服役，可以满足前线作战的米格-21战斗机和苏-25攻击机等多种战机使用，提高了航空兵对前线步兵近距离空中支援的能力。

其实，AS-7导弹的诞生和越南战争有着直接关系。在焦灼的越南战场上，美军使用了新战术并投入了诸多"新概念"的战术武器。前线近距离支援（CAS）就是在这一时期，得到了战术概念的强化。越南政府和军队在与美军作战时，经常会遭到美军空中机群的精确火力打击。火力打击不但威力大，效果好，而且还远在越南地面防空集群的防区外。

1965年越南政府通过交流团的渠道，向苏联政府提出了发展防区外精确打击武器的请求。1965年4月，苏共中央在听取了越南政府的

AS-7导弹结构剖图

报告后，指示134设计局开展了相关防区外精确打击武器的研发工作（最初的项目名称为"KH-23"）。

1966年，134局正式开展了武器系统的研发设计工作。但是由于对这类武器的研发经验不足，研发工作多次迷失了方向，不过最终还是研发出了AS-7导弹。由于在战术用途上不符合苏军的实际需求，该导弹产量很低。

2.2.3 绅士的荣耀：欧洲著名空对面导弹

"硫磺石"导弹

"硫磺石"导弹是阿莱尼亚·马可尼公司与波音公司在"地狱火"和"海尔法"导弹基础上联合研制的反坦克导弹。1996年11月，英国国防部正式签订了研发"硫磺石"导弹的合同，迄今已采购几千枚。"硫磺石"导弹直接采用了AGM-114K"地狱火"导弹的弹体、战斗部跟发动机组件，外形与AGM-114K导弹极为相似。当然，阿莱尼亚·马可尼公司还是根据英国国防部的要求，做出了相关改进。

"硫磺石"导弹弹体呈圆柱形，导引头后部有四片小弹翼，弹尾有四片尾翼，尾翼后则有四片空气舵。制导系统由毫米波导引头、自动驾驶系统和作动系统组成，毫米波雷达导引头能够全天候在低能见度或受污染天气的战场条件下工作，能够提供高分辨率的雷达目标回波图像，能够对抗先进电子干扰装置，并且还能赋予"硫磺石"导弹地形规避功能。除此之外，阿莱尼亚·马可尼公司还为"硫磺石"导弹研制了多模、激光导引头。

战斗部为串联聚能破甲战斗部，可以有效对付主战坦克上的爆炸式反应装甲，前置战斗部先诱爆反应装甲，主战斗部即可击穿主装甲，除了破甲战斗部之外，还有杀伤爆破战斗部。发动机为ATK公司研制生产的浇筑双基推进剂火箭发动机，可推动"硫磺石"导弹超声速飞行。"硫磺石"导弹可装备在"狂风"战斗机、"台风"战斗机、"海鹞"战斗机、AH-64"阿帕奇"武装直升机或者察打一体无人机上。固定翼飞机采用一个三轨发射架，一个挂架可以挂载3枚"硫磺石"导弹。由于体积小重量轻，"硫磺石"导弹也可以装备在L-159、F-5、"美洲虎"等作战飞机上，或者是从地面(装甲车)、水面(小艇)发射平台上发射。由于"硫磺石"导弹本身就是采用"地狱火"导弹的弹体，"硫磺石"导弹跟"地狱火"导弹实际上是可以通用发射架的。

"硫磺石"导弹及其三轨发射架

名称："硫磺石"导弹

　　弹长：1.8 m

　　弹径：178 mm

　　翼展：300 mm

　　射程：12 km

　　全重：50 kg

"风暴阴影"／"通用斯卡普尔"导弹

"风暴阴影"又叫"风暴前兆"导弹，是马特拉-英国航空航天公司动力分部在法国"阿帕奇"空地导弹的基础上，为英国皇家空军研制的一种防区外空地导弹，主要用于攻击高价值的地面或地下目标。

"通用斯卡普尔"是通用远程自助巡航系统的简称，是MBDA公司为法国空军研制的空地导弹。"风暴阴影"与"通用斯卡普尔"实际上是基本相同的两种导弹。

1991年8月，英国总结海湾战争的教训，向工业界发出发展防区外空地导弹的咨询书。1995年正式发布招标，1996年MBDA公司的"风暴阴影"导弹方案中标，不久后MBDA公司又从法国国防部得到了研制"通用斯卡普尔"巡航导弹的订单,这样MBDA就以一型导弹满足了两个国家的需求。

"风暴阴影"/"通用斯卡普尔"弹身为圆角长方体,头部呈拱形锥体,弹身尾部略有收缩,折叠式弹翼位于弹身背部靠后处的槽内,发射后靠弹身机构自动展开,尾翼由两片水平尾翼跟两组垂直尾翼组成,保证了导弹在超低空飞行时具有良好的机动拐弯跟沿地形起伏飞行的能力。为了降低雷达与红外信号特征,导弹采取了许多隐形措施。

发动机为法国TRI-60-30改进型涡轮喷气发动机,可以支持导弹以0.8马赫~0.9马赫的速度飞行。制导系统是泰勒斯公司一个先进的地形匹配修正的导航系统,末端采用红外成像导引头,为导弹提供了恶劣环境下的全天候攻击能力。

英国展示的"狂风"IDS战斗机跟"风暴阴影"导弹。同样装备了"狂风"战斗机的意大利和沙特阿拉伯也购买了"风暴阴影"导弹

导弹采用的是BAE公司的BROACH(皇家军械增强聚能装药炸弹)型串联战斗部,它先起爆清除装药,清除目标表层土壤,然后点燃前驱波装药,让聚能装药产生的气流穿入目标,使大部分重要目标被贯穿,最后连续动能穿透器进入孔中继续攻击目标,这种新颖的战斗部在打击混凝土掩体时效果显著。

目前"风暴阴影"导弹已经装备英国"狂风"IDS战斗机,法国也为"幻影"2000-5购买了500枚"通用斯卡普尔"导弹,意大利购买1000多枚,希腊也购买了这种导弹以装备"幻影"2000D战斗机,出口阿联酋的被称为"黑鹰"导弹,弹体专门涂成黑色,此外沙特阿拉伯亦有购买。

名称:"风暴阴影"/"通用斯卡普尔"导弹

全重：1300 kg

弹长：5.1 m

巡航高度：低于150 m

巡航速度：0.8 Ma~0.9 Ma

射程：250 km~650 km

"金牛座动能贯穿破坏者"导弹

"动能贯穿破坏者"导弹是由德国金牛座系统公司（德国 EADS/LFK 公司与瑞典萨博博福斯公司联合组成）研制的防区外空地导弹，1996年德国退出法德合作的阿帕奇-MAW 防区外空地导弹研制计划之后，便自己启动了"金牛座"导弹研制计划。"金牛座"导弹计划实际上是一个总称，总共包括三种武器：MW-3动能倾彻摧毁武器、目标自适应布撒武器系统和 KEPD 导弹。其中 KEPD 导弹是"动能贯穿破坏者"的简称，常常被称为"金牛座"导弹，此处所说的"金牛座"导弹也是指"动能贯穿破坏者"。实际上"动能贯穿破坏者"导弹也是一个家族，有多种型号，本文主要介绍其基本型——KEPD-350型。

"金牛座"-350导弹是一种模块化武器系统，导弹采用方箱形弹体，头部呈四棱锥形，与弹体呈流线形过渡连接，最前端为矩形的红外成像传感器的窗口。弹体中部上方有一副可以向后折叠的等弦平板式、后掠上单弹。弹体后部两侧各有一个外插式进气道的进气口，进气道的整流罩向后延伸并且急剧收缩与弹体融为一体，在尾部两侧有一对由矩形和截尖三角形组成的水平稳定尾翼，下方各有一对近似 V 形布置的操纵尾翼。

弹体结构设计为隐身与气动一体化，保证了在大攻角飞行时不会产生气流分离，整体气动设计大大降低了雷达信号特征，大量采用复合材料更加强化了隐形特性。

导弹采用一台威廉姆斯公司研制的 P8300-15 型涡轮风扇发动机，达萨公司专门为其研制了交叉式进气道，该进气道结构独特，它能保证导弹在俯角或仰角±20°时进气流不产生分离，保证了发动机的稳定工作。发动机采用MIL-P-87107 JP10燃油，这种燃油热能高，密度大并且能够长期稳定储存，导弹可在加满油的情况下存放。

制导系统为中段INS/GPS制导加末端红外成像制导，这种制导方式跟英国的"风暴阴影"导弹比较类似。战斗部跟"风暴阴影"导弹相似度也比较高，"金牛座"导弹采用的是汤姆逊-德国航空航天公司(TDW)研制的ME-PHISTO(多效应倾彻、高尖端、目标优化)战斗部，这种战斗部也是一种针对混凝土防护目标的串联战斗部。除此之外，"金牛座"导弹也可以采用子弹药战斗部，针对船舶、飞机跑道、陆军集群等不同目标研制了不同的子弹药，打击范围非常广。

德国"台风"战斗机下挂两枚"金牛座"导弹

目前"金牛座"导弹的用户包括德国、西班牙跟韩国，德国为"狂风"和"台风"战斗机采购了600枚，西班牙采购了43枚，韩国由于采购美国JASSM导弹的愿望破产，前不久也宣布将要采购"金牛座"导弹系统作为替代。

名称："金牛座"导弹

弹长：5.1 m

全重：1400 kg

翼展：1.0 m（折叠） 2.5 m（展开）

弹体尺寸：630 mm（长）×320 mm（直径）

巡航速度：0.6 Ma～0.9 Ma

巡航高度：50 m

最大射程：350 km

战斗部重量：500 kg

第3章 无畏的勇士:空战导弹的轶事

3.1 越南战争

长达20年的越南战争中，美国在越南使用了除核武器以外一切高新技术武器。在空地作战方面，美国在越南首开防空压制（SEAD）作战先河；在空空作战中，大量使用了多种型号的空空导弹，并且总结了丰富的导弹时代空空作战经验；在对地支援方面，制导炸弹的使用前所未有地提高了空地支援的精度与效率，为多年后海湾战争的空中作战成功奠定了基础。

导弹无敌论的陨落：越南战争中的空战

越南战争以前，美国空军中弥漫着这样一个论调，就是航炮已经过时，导弹武器才是主要的武器。对未来空战样式的预测是简单化的空战模式，即类似于前装枪时代的"排队枪毙"战术。起飞，然后导弹拦截对射，要么被击落，要么就脱离，并不进行贴身肉搏。在这一战术思想指导下，美国空军搞出了大量的以AIM-4导弹为主要武器的F-102/106系列截击机和F-105战斗轰炸机。

而海军方面，也有这样的一种论调，虽然在F-8上保留了4门20毫米机炮，但是主力舰载战斗机F-4"鬼怪"系列却激进地取消了机炮。

而苏联则不同，一方面苏联人在YAK-25/28和MIG25截击机上大胆地取消了机炮，另一方面，在以MIG21为代表的前线战斗机上，依然保留了机炮，并且因为当时格斗弹可靠性低下的原因，依然考虑以机炮为主、近身格斗的作战方式。

这不同的作战思想在越南战争的战场上发生了激烈的碰撞，在1965年4月9日的作战中，4架美国海军F-4B战机"误入"中国海南岛附近领空，并与中国空军4架前来拦截的歼5（米格-17）战斗机遭遇。本来二代的F-4B对抗一代的歼-5应该一切顺利，但是因为F-4B战机实际设计并不适合近距离格斗，加之F-4B取消了航炮，在格斗中F-4B一直处于下风。情急之下，F-4B飞行员在没有完全锁定的情况下发射了8枚"麻雀"和2枚"响尾蛇"导弹。所有的导弹仅有1枚命中了目标，居然还是己方的一架F-4B。

剩下的美国战斗机在返回航空母舰的路途中也不顺利，先是一架由于机械故障而坠毁，然后又有一架在着舰时由于过于紧张，操作失误而坠入大海，仅有一架F-4B安全返回。而中国派出的4架歼-5战机都安全返回了海南陵水机场。

这一仗可以说暴露出后来整个越南战争中空空导弹的问题。首先可靠性较低，也没有敌我识别能力。首个安装有敌我识别系统的"麻雀"空空导弹直到20世纪70年代初期，越南战争后期才广泛装备，而"响尾蛇"装备敌我识别系统更晚。导弹无敌论的思想第一次开始动摇。而越南潮湿的空气更加剧了导弹可靠性不高的问题，F-4战机驾驶员出现了大量锁定发射后，因为电子系统故障使导弹不能发射的问题。

早期第一代红外格斗弹的过载能力很低，也没有迎头攻击能力，其他热目标往往比敌机的尾喷口更能吸引导弹，飞行员们常常发现导弹发射后不知去向，它们要么一头栽向地面上的热目标要么奔着太阳飞去。当然，海军和空军后期使用的AIM-9B/E，实际上综合性能还是可以的。而空军以F102/106为主，部分F-4C为辅的截击机配用的导弹为AIM-4系列导弹，这种状态让美国空军处于不堪重负的状态。因其主要设计思路是在高寒地区拦截苏联战略轰炸机，而不是在越南这样的热带地区参加空中格斗。

所以，该弹配备的导引头在发射前需要6~7秒的冷却时间，并且由于导弹冷却氮气是携带在弹内，冷却氮气只有两分钟的量，因此一旦开始冷却，两分钟内不发射，导弹就会失灵。此外，导弹的战斗部没有安装近炸引信，加之威力太小，所以越战中红外制导的AIM-4系列导弹甚至只有少得可怜的5次击落的记录。最后迫于无奈，美国空军只能把它们用来在夜间攻击地面热目标。

而雷达制导空空导弹相对红外制导也没有太大优势。首先可用过载比红外制导还低，有些甚至只能攻击3G过载下的敌机。每发射一枚"麻雀"飞行员要做5个动作，从确定目标到完成锁定就要5秒左右，扣动扳机后还要将近两秒导弹才能脱离挂架并完成点火，这么繁复的发射在格斗中是致命的。其次的问题是，美国当时因为敌我识别器开发问题，中距"麻雀"导弹也要在目视确认后才能发射，导致在实战中美国空军飞行员是将"麻雀"导弹当8英寸火箭弹使用。这也是"麻雀"导弹命中率低的惊人的主要原因。

更严重的问题是，北方越南方面得到的米格-17/19/21三种战斗机，均是为空军在前线作战而设计的战斗机，在越南战场这种中低空、低速格斗作战环境中，有着较强的优势。而且美国空军、海军空战方面大部分为掩护慢速的攻击机进入，从而进行战场遮断和近距离对地支援。因此，早期没有机炮的战斗机在低速段落处在米格战机下风。美军在"滚雷"行动中拥有执行对地支援任务，且装有机炮的F-105战斗轰炸机击落了20多架越南战机，战绩占"滚雷"行动总比的13%，而AIM-7E导弹的战绩只占了总比的10%。在一系列数据面前，导弹无敌论迅速破产。

为了解决战斗中出现的问题，F-4D安装了SUU-16机炮吊舱，又在未来的战机上恢复了机炮这一设计，包括最新的F-22/35A依然拥有机炮。

到了战争后期，随着AIM-9导弹可靠性的提高，格斗命中率提高了数倍。但是，因为美军极为教条的空战规定，大部分战机驾驶员还是会优先使用AIM-7E这一为中距离空战设计的格斗武器，并且美军还开发了AIM-

7E-2等格斗版本的中距弹。

在越南战争结束后的7年时间，AIM-9L这一全新第二代空空导弹利用新的战术，在马岛战争中创造了22：0的优异战果。所以，只有不断地探索新思路、新战术，并且新式武器装备一定要有新的作战思想与之配合，新武器才能发挥出强大的作用。

米格－21战斗机两视图，这种战斗机是当时北方越南最顶尖的战斗机

"野鼬鼠"的诞生：越南战争中的防空压制作战

1965年3月，随着美国大举入侵越南，美国空军联合南越空军，组织了一场长达3年多，代号为"滚雷"行动的空中遮断战役，旨在摧毁北方越南运输基地和工业基地，并且阻击北方越南对南越的攻势以及打击其后勤运输。

"滚雷"行动开局不顺，行动第一天就损失了6架A-1"天袭者"攻击机，并且北方越南军队在苏联的支援下，装备了S-75防空导弹系统，配备的雷达为RSNA-75（北约代号"扇歌"）制导雷达和一台VHF波段P-12两坐标探测雷达，以提供目标精确位置和粗略位置信息，其配备的V-

750导弹（北约代号SA-2）射程高达30千米，并且最大射高达22千米，后期改用的V-750VK导弹最大射高甚至超过3万米。美中不足的是其最小射高都在300米以上，可靠的最小射高基本上都要接近500米，因此，必须要有小孔径高射机枪和高炮对S-75阵地进行近卫，否则易被低空突防的攻击机打击。

随着S-75防空导弹系统的大量装备，美国空军的噩梦才刚刚开始。1965年7月24日，一架美国空军的F-4C战斗机在作战中被一枚由S-75导弹系统发射的V-750导弹击落，预示着越南战争中北方越南防空武器从目视/雷达制导高炮向导弹武器的转变。

美国空军为了打击S-75防空导弹阵地，一开始想利用V-750系列导弹最低射高都在300米以上这一特点低空突击，压低飞行高度从而躲开V-750导弹的拦截，然后使用火箭弹和高阻炸弹打击S-75发射阵地。但是因为情报探测依赖可见光照片，极易被假导弹和假阵地迷惑。而且更加糟糕的是，低空突击的攻击机避开导弹的性能包线的"虎口"，却又落入防空火炮这一"狼窝"——在这种综合性的防空拒止作战的情况下，美国空军的损失率一直高于5%，并且对地遮断作战的效能极差。

"滚雷"行动的头半年，美国空军在防空压制作战中，暴露出传统的利用攻击机发射火箭弹、高阻炸弹这一防空压制作战对先进的防空导弹系统压制效率过低、危险性过大这一问题。

其实，早在1963年，位于查那雷克（China Lake）的美国海军武器中心，就把一套试验性的可以利用敌方雷达发射的雷达波进行定位的反辐射导引头，与一种全新的战斗部和引信安装在一枚AIM-7C"麻雀"3空空导弹的弹体上，发明了人类历史上第一枚反辐射导弹。该导弹可以利用目标雷达发射的雷达波进行导航，然后精确地击毁对方防空系统的雷达天线，从而可以精确压制敌人的防空系统。德州仪器公司在这个研究基础上，利用AIM-7C的弹体，在其基础上加装了一个窄波段被动单脉冲导引头，研发了大名鼎鼎的AGM-45"百舌鸟"导弹，这是美军第一种投入实战的反辐射导弹。

鉴于在"滚雷"行动中暴露出的问题，美国军方决定加快AGM-45"百舌鸟"导弹的装备速度，要求德州仪器公司加快生产速度。单单有反辐射导弹是远远不够的，早期反辐射导弹，特别是早期的型号"百舌鸟"导弹的导引头频带太短，因此对不同雷达要更换不同的导引头，更严重的是这种被动导引头的搜索范围太窄，必须要先有效发现。所以，还必须将该导弹的载机进行特殊改装。

于是，1965年10月，一次改变越南战争甚至未来防空压制作战历史的绝密项目，在美国空军位于佛罗里达州的埃格林空军基地展开，该项目代号为"野鼬鼠"。该项目的代号在未来也成了防空压制作战（SEAD）的代名词，可见此计划的重要性和革命性。

首先，空军抽调了十余名经过严格选拔、拥有高超飞行技术和对地攻击技术的美国空军飞行员以及配套的数架F-100F"超佩刀"战斗机。随后，德州仪器公司和应用技术公司在内的多家美国电子公司，带领其团队抵达埃格林空军基地，在原本为U-2设计的反制S-75导弹系统设备的基础上，研发了一种不但在被S-75火控、引导雷达照射以后可以报警，而且还可以有效识别、标定S-75雷达方向的设备。从而能准确地识别出哪些是真的S-75防空导弹阵地，哪些只是假目标。

经过改装和一系列试飞后，改进后的F-100F安装了AN/APR-25雷达导航和警告接收机，从而可以准确地探测出S-75火控雷达的S/C波段雷达信号，并且还在座舱内安装了一个可以显示威胁信息的CRT显示器，以告知驾驶员照射的方向和位置。而一台AN/APR-26接收机配以红色闪烁信号灯，可以告知驾驶员敌人是否已发射防空导弹。因为受F-100F载机大

第3章 无畏的勇士：空战导弹的故事

小以及"百舌鸟"反辐射导弹研制进度和改装时间的限制，第一批改装的F-100F并没有装备"百舌鸟"反辐射导弹，只是使用机炮和火箭弹对阵地进行压制，以确保攻击机群的攻击。

改装完毕后因为战局吃紧，该小队于年底赶赴越南战场。F-100F的防空压制任务实际上很简单，但也非常危险，即自杀式地飞在整个攻击编队的最前方，然后故意靠近S-75阵地，诱骗S-75防空系统的雷达开机，最后利用火箭弹和机炮压制敌人阵地，让S-75系统无法从容地发射导弹。

这一任务效果非常显著，北方越南的S-75系统的打击效果从原来发射3~6枚就可以取得战果，到要发射十几枚才有战果，并且不少系统不能安稳地发射防空导弹。这样一来，美国攻击机队的损失大幅度下降，并且这种打击压制方式极其精确，几乎不会被没有雷达诱饵的假目标诱骗。

为了进一步提高效率，加上"百舌鸟"反辐射导弹可靠性的提高，美国利用F-105D这一大型战轰平台，加装了必要的雷达和电子战设备，并且利用原有的LAU-34A发射架发射"百舌鸟"反辐射导弹，从而和F-100F一起配合，组成一个五机打击编队。编队战术为：一架F-100F率先进入威胁空域，利用中空贴近、诱骗S-75防空系统的雷达开机，然后识别雷达位置并用火箭弹标识阵地位置，随后4架F-105D使用"百舌鸟"对阵地的雷达进行精确打击或者直接用集束炸弹将阵地覆盖。

到了1966年，因为F-100F低空速度太慢，而航程和载重又太小，单独执行标记任务过于危险，察打分开的战术如果遇到敌人使用间断关机的办法，极有可能丢失目标。于是，美国空军利用F-105F双座型优良的低空高速性能和更大的机体的特点，安装了更加高效的专门为防空压制作战设计的AN/AYH-1型雷达与告警系统（RHAW），并升级了航电系统，以兼容发射"百舌鸟"的任务。

在美国升级防空压制作战的同时，北方越南的防空人员也没闲着，在苏联、中国专家的建议下，使用雷达间断关机的方式，以及把阵地往植被地形复杂的地方迁移，让"百舌鸟"不能有效地识别目标，或者不能有效地打击目标。加之斯佩里制造的早期批次"百舌鸟"导弹的引导头灵敏度较低，并且基于"麻雀"3导弹的弹体射程还不到V-750导弹的一半，导致防空压制时战机不得不先以无制导方式发射导弹。正因如此，不少导弹的引导头锁定目标时，目标已经在导弹打击范围外，导致许多导弹错失目标。为了应对这些挑战，美国空军改变了战术，对于一些高威胁、复杂环境下的目标，采取探测到阵地后直接用5寸火箭弹或者集束炸弹覆盖的方式来压制阵地的新战法。

无论F-100还是F-105都是岸基飞机，对舰载机支援难度较大。为了解决这一问题，美国海军利用成熟的E-6攻击机和空军成熟的技术，改装了一种舰载电子战平台，也就是后来人们所熟知的EA-6电子战机。并且为了解决"百舌鸟"导引头探测距离太近，造成命中率低下这一致命问题，美国海军使用RIM-66"标准"防空导弹的弹体开发了AGM-78"标准"反辐射导弹。该弹加装了"百舌鸟"导弹上使用的窄波段被动单脉冲导引头，并且利用更大的弹体空间安装了预编程系统，该系统可以利用载机的目标识别与获取系统，在发射前就把靶目标诸元输入导引头。加上当时的S-75系统雷达站是半固定式，只要建立好阵地就没有办法快速机动，这样一来，引导头的接收机只是用来提高精度，就算导引头没有捕获目标，或者雷达关机，导弹依然可以有效命中。而且，更大的弹体，带来的是更大的射程，其最大射程高达50千米，远大于S-75系统的最大拦截射程，也保证了载机的安全。

美国空军为了使用AGM-78反辐射导弹，也为了提高对敌雷达战的电子压制能力，对应急的F-105F进行了大幅度升级。与EA-6系列一样，升级后的EF-105G引入了后座"电子战军官"这一编制。与此同时，苏联也

139

向越南提供了升级版的S-75系统，美军为了对抗改用了空域处理多达16个雷达目标的ALR-46数字化雷达寻的与告警系统，将配套的接收机也改成了APR-35接收系统，并且对机体进行小幅度改动，增加了发电量，以应对电子战系统的升级。

正因为EA-6A以及EF-105G的大幅度投入使用，北方越南防空导弹的命中率从1965年的每发射2~3枚就可以取得一个战果，到1968年有时候甚至发射十几枚都无一命中，并且大量的防空导弹阵地被摧毁。反辐射压制，特别是干扰技术的进步和远程反辐射导弹的使用，让北方越南防空导弹系统的作战效能大幅度下降。

越南战争期间一个标准的由F-105战斗机和其他作战飞机组成的"野鼬鼠"编队

在整个1972年的"后卫II"行动中，美军B-52轰炸机的700多架次的出击中，只有15架被击落。而整个越南战争中，因为防空压制战机的高效作战，加上本来S-75系统的效率就不高，在战争期间美军损失的近800架战机中，一大半都是被越南高射炮和米格战机击落的，而S-75导弹系统本身造成的杀伤其实并不大。

纵观整个越南战争，可以说防空压制作战的进步是革命性的，电子干扰和反辐射导弹的应用，执行软硬压

制任务的专业电子
战飞机的出现,为后
世防空压制作战提
供了范本。包括后
来1982年的贝卡谷
地作战,实际上大部
分的技术还是沿用
越南战争取得的成
果。更可贵的是,虽
然反辐射作战要深
入"虎穴",但是整个
越南战争中,美国才
损失不到100架"野
鼬鼠"战机,只有42
位机组人员失踪、战
死或者被俘。综合
来看,越南战争的防

北方越南SA-2防空
导弹阵地照片

F-105F和F-105D
组成的编队,F-105F挂
载的就是"百舌鸟"导弹

空压制作战,远比大家熟悉的各种激动人心的米格战斗
机和美式战斗机空战来得重要和有意义。

3.2 海湾战争:现代空中作战的开端

3.2.1 战争原因

海湾战争,是整个"冷战"中最后一次局部战
争,"冷战"也伴随着海湾战争的硝烟落下帷幕。而海

湾战争中前所未有的作战理念与作战方式，首开现代不对称战争之先河。这场战争也是自"二战"以来首次放弃使用大规模的轰炸机编队去摧毁敌人的城市，而是利用卓越的情报优势和武器精确度对其重要目标进行"点穴式"打击的战例。同时，海湾战争中，美军吸取了越南战争中的经验教训，首次提出了"空地一体战"的新军事战争学说，并在战争中付诸实施。所以，可以说海湾战争中的空中作战是现代空中作战理论实践的一个巅峰。

20世纪80年代末，伊拉克在旷日持久的两伊战争中消耗了大量国家财富，加之国际油价从1985年突发了一次断崖式下跌，从39美元1桶的高位一路跳水至10美元1桶的低位，并且长期在20美元左右的低位徘徊。作为主要产油国的伊拉克希望石油输出国组织（OPEC）降低石油产量，上涨石油价格，从而减轻本国债务危机。但OPEC并没有下调石油产量，且科威特为了迫使伊拉克解决它们之间因为两伊战争引发的一系列边境争执，决定进一步提高石油产量，加剧了油价下滑。这一系列的矛盾导致伊拉克和科威特矛盾激化。

1990年8月1日，伊拉克与科威特围绕石油问题的谈判宣告破裂，次日，伊拉克海陆空三军入侵科威特，海湾战争的大幕徐徐拉开。科威特因为军事实力不足，仅仅坚持了14个小时即告沦陷。在伊拉克入侵的当天，联合国安理会紧急通过了第660号决议，并且美苏也达成共识，要求伊拉克"无条件地从科威特撤军"，"充分恢复科威特的主权、合法政权和领土完整"。伊拉克政府哪里会放开吃到嘴里的肉，自然不同意撤军的要求。1991年1月16日美国正式向伊拉克宣战。

本节将从防空压制作战、执行战场遮断、近距离空中支援、战斗空中巡逻四个方面详细介绍在"沙漠风暴"与"沙漠盾牌"行动中美国空军的行动。

3.2.2 防空压制作战（SEAD）

在战前，因为两伊战争的原因，伊拉克从苏联获得了一大批当时较为先进的防空武器。并且因为连年的战火和苏联的援助，伊拉克构筑了以地面大型指挥探测节点为基础，拥有大量防空导弹、高炮阵地，并有防空飞机组成的一整套庞杂的防空体系。

如此精密复杂的防空体系，对于美国空军防空压制作战来说是非常棘手的。在越南战争中，零散的、统一组织度不高，以要地防空为主的防空体系曾让美国吃了大亏，因此简单地使用反辐射战机对伊拉克进行防空压制的效果并不好。甚至伊拉克人可以利用便捷的指挥网络，在部分雷达被反辐射飞机摧毁的情况下，利用还没有被打击的雷达站协助探测。

怎么样才能啃下这个"铁刺猬"呢？美国空军决定使用一种全新的战术，即使用当时还在保密状态、只在1989年入侵巴拿马的"正义事业"行动中短暂亮相的F-117隐身战术轰炸机，在夜间对伊拉克防空指挥和其他重要军事指挥节点进行"点穴"式快速打击，以期在开战当晚摧毁伊拉克大部分重要指挥中心与控制、通信机构，让伊拉克每个防空导弹、每个高炮阵地、各个机场单位群龙无首，只能各自为战。随后，派出反辐射战机和战术战略轰炸机，使用反辐射导弹、精确制导炸弹，甚至传统的自由落体炸弹，对这些孤立的目标进行各个击破。

在这个思路的指导下，美国在开战的首个凌晨，便使出绝密的撒手锏——F-117隐身战术轰炸机，挂载激光制导炸弹对伊拉克最重要的指挥控制节点进行毁灭性打击。当天，位于努哈伊伯的伊军联合协同作战中心和防空截击地面指挥中心、两座防空控制机构的总部以及位于巴格达的伊拉克空军司令部在内的十几个重要防空作战和作战指挥中心就被F-117摧毁。而包括位于塞勒曼帕克（Salmon Pak）的对流层散射通信中继站、杜杰勒（Ad Dujayl）的国际无线电发射机和通信卫星终端在内的多个大型通信节点在第二波打击中被摧毁。F-117利用夜色和其优良的隐身能力，骗过了伊拉克全部的雷达、防空导弹、巡逻飞机和高炮阵地，在取得如此辉煌战果的同时，没有被击落一架。按当时F-117驾驶员的话说就是"穿过一台巨大的爆米花机却没有被砸中"。随后的每晚，F-117利用夜色的掩护，如同一只黑色的蝙蝠，对伊拉克各个地区的防空指挥节点、机库与其他重要军事设施进行轰炸。

伊拉克各个防空指挥、通信、控制节点被摧毁之后，各个防空导弹阵地、每个机场、每个高炮阵地都只能各自为战。这时，传统的防空压制战斗机和轰炸机，就开始对伊拉克战术级别、师级和更低级别的指挥、控制和通信（C3）设施以及各个防空武器阵地进行打击。

F-4G/ EF-111/EA-6B等电子战机将和越南战争的前辈一样，冒死去接近敌人防空导弹阵地，利用自己的接近诱骗敌人对空雷达开机，随后使用机载电子设备搜索"萨姆"导弹制导雷达发出的电波。一旦确定这些雷达的位置，战机就会发射一枚"哈姆"反辐射导弹将伊拉克的雷达摧毁。而对高炮阵地，特别是对可见光，甚至目视指挥的高炮阵地压制就更加简单粗暴，也更加危险。即直接派出"狂风"等战斗轰炸机或者A-10攻击机，超低空接近敌人高炮阵地，然后投下炸弹或者利用机炮扫射，从而摧毁敌人阵地。这种作战方式实际上是极为危险的，甚至有一架"狂风"战机被自己投下的炸弹爆炸的冲击波与弹片击落。

综合来看，多国部队在海湾战争中的防空压制任务是极为成功的，创新地使用了隐身战斗机对敌人C3设施进行"点穴"打击，F-117在整场战争中只消耗了2.5%的物资，并且无一损失，而其利用激光制导炸弹摧毁了大量关键目标，为啃下伊拉克防空系统这个"铁刺猬"立下了汗马功劳。而在反辐射作战中，"哈姆"反辐射导弹利用升级的导引头，成功地躲开了伊拉克的间歇性雷达开机战术，摧毁了大量的伊拉克防空雷达系统。

但是在伊拉克战争中，也暴露了对传统的目视引导的高炮阵地打击的难度问题，以及因为防空压制不及时，有部分战机被高炮阵地和低空导弹击落。在海湾战争期间，多国部队损失的64架飞机中，有多达25架是被防空高炮击落的。

总的来说，海湾战争中的防空压制作战开端，虽然白璧微瑕，但可以说是现代防空压制作战的一次完美的展示。

F–117"夜鹰"隐形战斗机（其实是轰炸机）在海湾战争中大放异彩

3.2.3 执行战场遮断(BAI)与近距离空中支援(CAS)

多国部队空军在对伊拉克各种地面目标实施多方向、多波次、高强度的持续空袭之后，伊拉克的指挥通信情报节点遭遇了毁灭性打击。与此同时，伊拉克一直仰仗的"飞毛腿"导弹基地也被"战斧"巡航导弹和激光制导炸弹逐个清除，侥幸发射的也被PAC-3防空系统有效拦截。

在有效的空中准备之后，多国部队陆军在近距离空中支援下向伊拉克纵深推进。美国空军和海军舰载机使用了AGM-62"白眼星"和AGM-84E"斯拉姆"在内的多种空对地导弹对地面坚固目标进行精确打击。与此同时，A-10攻击机与F-15E等多型号战机一起执行战场遮断（BAI）与近距离空中支援（CAS）任务。

与传统的战场遮断和空中支援任务不同，在吸取越南战争空中支援和陆军各自为战的经验教训的基础上，在海湾战争中，执行对地攻击任务的战机广泛使用了制导武器，以大幅度提升支援的精度。在情报获取和分析方面，空军和海军为对地支援的战机配备了精密复杂的"蓝丁"（夜间低空导航及红外线瞄准吊舱）系统。在夜间或者复杂天气条件下依然可以对地支援。而另一方面，激光制导炸弹的广泛应用与地面前进空中管制小队（负责在地面移动引导空中战机打击地面的侦察小队）的配合，使得轰炸精度大幅度提高，几乎做到了指哪炸哪的地步。在1991年2月8日的战斗中，F-111战斗轰炸机编队每架战机挂载4枚GBU-12激光制导炸弹，同时利用红外探测吊舱，有效地摧毁了隐藏在沙漠中作为固定火力点的坦克，对陆军进攻起到了有力支持。有一次，一个F-15E双机编队一次作战就猎杀了16辆伊拉克坦克，命中率高达100%。如此高的对地效率，极大地支援了陆军装甲部队的推进。

A-10攻击机更是在1月17日至2月28日期间实施的"沙漠风暴"中，在前方空中指挥飞机（FAC）用肉眼确认目标后，对伊拉克的装甲部队进行了有效打击。因为A-10极高的可靠性和简化的维护，因此完成任务返回后，只要运转正常就会继续执行任务。

在整个战争中，A-10发射了近5000枚"小牛"导弹，对敌方装甲部队和坚固地面工事进行精确打击，可靠率高达94%，击毁了伊军300多辆坦克和装甲车辆，这个战果相当于单单用A-10导弹就击毁了近一个装甲师的目标。例如在1月29日的战斗中，一个A-10飞行队利用夜色掩护，攻击了入侵的伊拉克军队，毁坏了伊军24辆战车。甚至在2月25日，两架A-10各出击3次之多，摧毁了20多辆伊军战车。

并且，在拦截伊拉克从科威特撤退的车队中，F-15E与A-10等战机使用了MK-20"石眼"集束炸弹。该弹安装了延时引信，在投掷后，利用尾部弹翼使弹体

A-10攻击机承担了最主要的CAS任务

旋转，随后MK-339延时引信点火炸开弹壳，内部子弹药在离心力的作用下飞散出去，从而对伊拉克车队进行非常有效的面打击。在"死亡公路"一战中，上千辆的伊拉克车辆在地面上被摧毁。

伊拉克战争中，多国部队成功高效地执行了战场遮断（BAI）与近距离空中支援（CAS）。高效的空中支援，使得地面部队并没有碰上伊拉克大批装甲部队，从地面进攻发起到伊拉克部队彻底崩溃，萨达姆宣布停火只用了两天时间。

3.2.4 战斗空中巡逻（CAP）

美军防空压制作战在开战的头几天就击毁了伊拉克大部分的指挥控制情报节点，更重要的是大部分的机场和后勤系统也被击毁，加之伊拉克空军主要装备还是老式二代机，只有35架极为依赖地面引导体系的米格-29A和29UB，而后续订购的米格-29以及正在谈判的"幻影"2000D战斗机因为海湾战争的匆匆爆发都打了水漂。

正是因为种种原因，虽然多国部队准备了详细的战斗空中巡逻（CAP）计划，以掩护执行防空压制和对地支援任务的战斗机，其中使用E-3预警机和E-8战场监视机等进行空中预警监视和指挥控制，这个指挥控制编队通常能够指挥2~4架F-15组成的CAP编队，CAP编队在一个环形航线上巡航以便保持联络。当伊拉克的战机升空准备对多国部队空中力量发起攻击时，预警机就会呼叫CAP编队向伊拉克战机方向机动，然后击落伊军的战机，或者派出几个双机编队，在预警机指引下去扫荡一些特定的，比如伊拉克空军基地附近的空域，确保更好的打击效果。

正因如此，整个海湾战争中的空战几乎是一边倒的状态，多国部队疯狂"屠杀"那些试图升空作战，或者希望叛逃到邻国，主要是老对头伊朗的伊拉克空军战机。包括6架米格-29在内的30多架伊拉克空军战机被CAP编队击落。

但是就算在这样严密的战斗空中巡逻的情况下，多国部队战机并没有在空战中做到万无一失，有一架F/A-18C被一架由伊拉克空军Zuhair Dawood上尉驾驶的米格-25PD截击机击落。在开战当天晚上，多国部队的一支F/A-18C机群，携带着两枚"哈姆"反辐射导弹，两枚"麻雀"中距空空导弹和两枚"响尾蛇"格斗弹正在执行防空压制任务，伊军一架在残余雷达站引导下紧急起飞的米格-25PD截击机英勇地对其中一架F/A-18C进行拦截。虽然F/A-18C的AN/APG-65雷达率先锁定了米格-25PD，但是米格-25PD凭借着优秀的超声速性能和加速性，迅速脱离了F/A-18C的导弹射程和雷达锁定。而F/A-18C装备的ALQ-126内载干扰器有效地压制了米格-25PD的主雷达，但米格-25PD凭借着机载的雷达测距仪和TP-26红外线搜索追踪系统还是成功锁定了F/A-18C。相比F/A-18C更有优势的是米格-25PD配备的R-40RD使用主动雷达制导导引头，尽管米格-25PD的雷达被电子干扰机压制，并且还是迎头状态，但R-40RD依然可以有效制导。在 R–40RD 导弹寻标器已经完成锁定后，米格–25PD 驾驶员在距离目标 12 千米之外发射了 R–40RD。随后一道强烈的爆炸火光划过天际，一架 F/A–18C 被导弹命中并且凌空爆炸。然后米格–25PD 高速与 F/A–18C 机群脱离，并且全身而退。

总的来看，美国的战斗空中巡逻（CAP）是极为成功的，但是从米格–25PD 击落 F/A–18C 的战绩来看，暴露出 F/A–18C 系列战机作为偏向对地对海作战的多用途飞机，速度相对于其他战斗机偏慢，并不适合独立作战。同时，伊拉克空军的战果也说明了伊拉克空军并不是不堪一击。尽管在装备与训练上远逊于美英为首的联军，但伊拉克空军仍有部分指战员以昂扬的斗志面对了强敌的挑战。

一幅纪念 Zuhair Dawood 上尉和他那架米格–25PD 的宣传画。正是他创造了击落"大黄蜂"的传奇

3.3 英阿马岛战争时的空中作战

马岛战争是"二战"后英国直接参与的最大规模的战争，并且难得的是双方的海空实力并没有产生一边倒的格局。特别是"海鹞"利用新一代 AIM–9L"响尾蛇"空空导弹对阿根廷传统的机炮战斗机打出了 22∶0

的战绩，对于红外制导空空导弹可以说是扬眉吐气的一战。同时，阿根廷使用了空射反舰导弹，也取得了丰硕的战果，对后世空军反舰作战思路起到了不小的影响。

但是在马岛战争中，双方也暴露出了大量问题，比如阿根廷空军的情报收集问题，陆海空三军配合问题，装备国产化率低下问题。英国也暴露出舰队防空圈漏洞百出，前置雷达哨舰没有可靠的空中保护，缺乏大型航母和常规舰载机维持远程防空圈等诸多问题。

接下来，我们就从阿根廷空军反舰作战与英国皇家海军舰载机部队的防空作战及英国皇家空军与皇家海军舰载机部队的防空压制作战这两个角度，来解析这场三十多年前的海空大战。

一、阿根廷空军反舰作战与英国皇家海军舰载机部队的防空作战

英国在20世纪70年代末，因军费紧张匆忙退役了刚刚完成大修和升级不到两年的两艘"鹰"级大型舰队航空母舰。到马岛战争爆发的前夜，皇家海军能运作固定翼飞机的军舰只剩下以载机反潜舰为主要作战任务的一艘"无敌"级轻型航空母舰和另外一艘"二战"老舰"竞技神"号航空母舰。"无敌"级轻型航空母舰因为仅有17000多吨的排水量，使得其并不能运作F-4K这类大型超声速舰载战斗机，只能运作类似"海鹞"的短距离、垂直起降的舰载战斗机。而"海鹞"的主要任务还是对地攻击支援，防空上无论速度和作战半径以及留空时间均不足以维持舰队防空圈。

雪上加霜的是，战争爆发以后，离马尔维纳斯群岛（以下简称马岛）最近的英国空军基地位于马岛6000多千米外的阿森松岛上。那么远的距离，对于任何一种战斗机都是鞭长莫及的，所以英国皇家海军以及陆军作战部队舰队的防空任务就必须依靠地面防空武器，以及"海鹞"这种亚声速短距离、垂直起降的舰载战斗机。但是英国在导弹武器上有着巨大优势，AIM-9L是当时最先进的格斗弹，该弹最大的优势在于拥有全向攻击

的能力，大幅度提高了拦截效率，无论可靠性和射程上都要比其他红外制导格斗弹强得多。

英国的对手——阿根廷海空军也并不好过。首先，阿根廷方面主力战机是"幻影"III、"短剑"、A-4、"超级军旗"，这四种战机完全依赖进口，因为本国贫弱的航空工业就连这些战机的零件大部分都需要进口。阿根廷面临的更严峻的问题是，阿根廷空空导弹只有随"短剑"同时引进并且只有"短剑"战斗机可以使用、以色列仿制早期AIM-9B而来的"蜻蜓"近距格斗导弹，以及少量和"幻影"III配套且没有下视下射能力的"马特拉"空空导弹。这些导弹与AIM-9L相比，最大的缺点在于阿根廷飞行员必须绕到敌机尾后才能发射导弹。而可靠性较高的"魔术"空空导弹直到1982年4月才交付阿根廷，当时阿根廷空军大部分飞行员并没有来得及对其进行训练。而主力攻击机A-4并不能使用任何导弹，这对阿根廷也是巨大的劣势。空射反舰导弹也只有屈指可数的战前从法国引进的5发"飞鱼"亚声速反舰导弹。因此，阿根廷必须依赖机炮和传统非制导炸弹对英国海空编队进行打击。

同时，双方都要面对侦察机和战场指挥机严重不足的问题。阿根廷方面只有屈指可数的P-2侦察机和波音707改装的远程侦察机。主要雷达引导依赖于一部"西屋"AN/TPS-43F地面S波段远程对空控制和警戒雷达（有效探测距离370千米，高度覆盖达2万米以上，10秒内就可以完成一次数据刷新），还有阿根廷陆军的探测距离超过500千米的AN/TPS-44A远程监视雷达，这两个系统雷达数据都被提供给"雷达马尔维纳斯"战情中心（CIC）。而英国完全依赖于42型防空驱逐舰、现代化的22型护卫舰和美国提供的卫星情报，这也为后来的"谢菲尔德"号和"考文垂"号等舰被阿根廷击沉埋下了祸根。

1982年4月，阿根廷军政府为了赢得国内的政治支持，并以此作为与英国未来谈判的筹码，寄希望于英国不会远赴重洋来夺回马岛——正因这一严重误判，阿根廷军政府在军队几乎没有做任何准备的情况下，突然下令武力夺取马岛，马岛战争就在阿根廷和英国毫无准备的情况下突然爆发。

1982年5月1日凌晨，皇家空军从阿森松岛出击，由"火神"轰炸机向位于马岛的斯坦利机场投下了21枚炸弹，宣告马岛上空的海空战正式开始。当天，阿根廷派出多波的防空编队和攻击机舰队对英国皇家海军舰队进行打击，并且取得了击伤护卫舰"敏捷"号这一还算不错的战果。但是在空战方面，下午一架"短剑"在空战中虽然优先发射了一枚"蜻蜓"导弹，但是因为"蜻蜓"导弹没有迎头攻击能力，并没有命中敌机，紧接着就被"海鹞"发射的AIM-9L击落。而另一编队"幻影"III也遭遇了类似"短剑"战机同样的后果，迎头射击的"魔术"导弹也是因为不具备迎头攻击能力，没有命中"海鹞"，而被"海鹞"发射的AIM-9L击落。阿根廷派出轰炸英舰的"堪培拉"轰炸机编队在执行完轰炸任务后，一架"堪培拉"轰炸机遭到了"海鹞"拦截，同样被AIM-9L轻而易举击落。

首日作战就把双方的问题暴露无遗，并且此后这些问题伴随着整场战争。首先当天阿根廷发生了两次极为严重的误伤事件，一起是被击伤的"幻影"III在返航途中被己方陆军高炮部队击落。另外一起更为可笑，3架A-4B攻击机对着一艘阿根廷船一通乱炸，万幸的是炸弹引信失效，否则后果不堪设想。而且在随后的作战中，误击事件也层出不穷，可见阿根廷多军种协调能力是极为不足的。

阿根廷指挥调度极其混乱，加上对海侦察只能靠攻击机驾驶员，所以只是瞎猫碰上死耗子地炸到了前出炮击（一般指射程够不到目标的情况下，越过己方防线炮击敌人的做法）的三艘英国军舰。当天以及在后来的空战中，阿根廷战机驾驶员均主动攻击敌人，但阿方装备的导弹都没有迎头攻击能力，而阿根廷飞行员全部迎头发射，导致被"海鹞"驾驶员抓住空挡。阿根廷飞行员勇气可嘉，但是战果不佳，从而导致了当天空战以及后来空战的惨败。

与空军截然相反的是阿根廷海军的作战意志极差，开战第一天基本上处于袖手旁观的状态，加之第二天阿根廷巡洋舰被英国核潜艇击沉，阿根廷海军航母决定撤出战区。并且在此后整个战争期间，阿根廷海军航母都没有进行任何作战任务，整个海军都处于躲避状态，为后来战争的失败埋下了伏笔。

而英国方面，英国当天没有成功拦截一次阿根廷的反舰攻击编队，而且当天阿根廷还是采取传统的中空进入方式，战果基本上是执行CAP任务的"海鹞"无意中碰上阿根廷的飞机，或者是去拦截轰炸后撤离的阿根廷机队，而A-4在轰炸后轻而易举地扬长而去，甚至"短剑"还有机会从容不迫地扫射英舰，然后才被赶来的英国"海鹞"击落。这种情况说明英国防空体系形同虚设，几乎没有可靠的雷达预警机制，"海鹞"的留空时间以及"无敌"级运作效率不足，导致整场战争中"海鹞"都只能攻击已经完成反舰攻击任务的阿根廷战机。

在随后的作战中，英国也意识到了这一点，派出42型和22型这两种装有新型雷达、可以有效对空扫描的新型驱护舰在威胁方向前出，但是因为"海鹞"战机航程和留空时间问题，前出的驱护舰得不到"海鹞"的空中支援，这样一来就将这些前出的驱护舰置于一个极为危险的境地。与此同时，阿根廷也动用了P-2侦察机以及喷气式公务机提升其对海侦察能力，以及对英国海军进行佯攻，以消耗"海鹞"的作战时间。5月4日，阿根廷方面成功地让"超级军旗"在P-2和KC-130的支援以及"短剑"的保护下，使用"飞鱼"导弹对英国执行前出任务的"谢菲尔德"号驱逐舰发起攻击。两枚"飞鱼"命中一发，并且成功点燃了"谢菲尔德"铝合金制的上层建筑，最终让该舰在拖带中沉没。

在接下来的战争中，阿根廷空军为了支援陆军的抗登陆作战，派出了以A-4攻击机和"短剑"战斗机为攻击队，并在中空以"幻影"III掩护的方式，让攻击编队从低空高速接近英舰，随后利用机炮和炸弹对英舰发起攻击。这一系列的作战方式效果极好，因为英国缺乏有效的低空预警雷达，并且为了扩大防空圈，前出的驱护舰远离舰队和舰载航空兵保护，42型驱逐舰缺乏有效的低空防空武器，而22型护卫舰"海狼"也只有9千米左右的射程，并且射界盲区过大，极其容易被打击。

果不其然，在5月21日登陆开始以后，阿根廷空军与海航的"短剑"和A-4战机以超低空扫射和低空投弹，有些英勇的飞行员甚至飞到十几米的低空，对英国军舰及登陆编队进行打击。非常可惜的是阿根廷空军实战经验太少，对现代军舰打击训练不足，炸弹因为引信设置问题哑弹较多，虽然在随后纠正，但也因此失去了大量战机。但是就算如此，阿根廷也在5月21日至25日4天的抗击中，击沉了"考文垂"号驱逐舰、"羚羊"号和"热心"号2艘护卫舰、3艘大型驱护舰，并且还利用"飞鱼"击伤"安特利普"号驱逐舰和击沉了"大西洋运输者"号运输船（当时改造成临时的"海鹞"运输起降平台）。可惜的是，因为阿根廷海军水面舰艇部队的消极作战，陆军在马岛的准备不足，虽然空军取得了可喜的战果，但是最终英国登陆马岛成功，马岛失守。

而英军防空方面，只能用惨败两个字形容。虽然"海鹞"在整场战争中获得了22∶0的战绩，但是"海鹞"大部分，甚至可以说全部的战绩都是在追猎已经攻击得手后的A-4和"短剑"攻击机中取得。特别是登陆作战中，"海鹞"没有有效地掩护登陆编队，登陆的第一天就被阿根廷击沉1艘、击伤3艘舰艇。并且"格拉海德爵士"号和"兰斯洛特爵士"号登陆舰也被击伤，如果不是炸弹没有爆炸，这两条船就要魂归马岛。

二、英国皇家空军与皇家海军舰载机部队的防空压制作战

在上节提到，1982年5月1日凌晨，皇家空军从阿森松岛出击的"火神"轰炸机向位于马岛的斯坦利机场投下了21枚炸弹。实际上马岛战争是"火神"装备历史上第一次也是最后一次作战。英国为了有效地对马岛上的斯坦利机场以及对岛上源源不断为阿根廷空军提供信息的AN/TPS-43F雷达进行有效压制，利用"火神"轰炸机与"胜利者"加油机配合执行了一系列的防空压制作战。

英国皇家空军一共执行了以"黑鹿行动"为代号的6次防空压制作战。前3次是以自由落体无制导炸弹的方式对机场进行破坏，因为效果太差，而且复杂的空中加油方式效率过低，皇家空军叫停了使用自由落体无制导炸弹的方式对机场进行破坏，而转为协助海军进行反辐射作战。

"火神"在进行必要的改造后，如加装电子战设备和"百舌鸟"反辐射导弹发射及制导装置。在完成复杂的空中加油过程后，"火神"先自杀式下降到百米左右高度，并以低速接近斯坦利机场，从而诱骗雷达开机，同时航电操作员通过主动传感器"硫化氢"、被动传感器 RWR 开始确定AN/TPS-43F雷达的位置，然后使用"百舌鸟"反辐射导弹对其进行打击。3次攻击中，有效截获了 TPS-43 和"天兵"的雷达信号，并且摧毁了"天兵"雷达。6000多千米的距离也创造了防空压制任务作战距离的记录，直到1991年才被参加海湾战争的 B-52 打破。

虽然"火神"作战中防空压制的效果并不好，机场并没有瘫痪，而且TPS-43雷达被打击了3次才彻底损坏，但是在如此远的距离上，使用临时改造的轰炸机来回进行了十几次复杂的接力空中加油，取得这样的战果也算是可圈可点。

在战争后期，在配合海军陆战队登陆过程中，英国空军的"鹞"也参加了对阿根廷岛上高炮阵地的防空压制作战，并且摧毁了几个高炮阵地。

而且"鹞"在打击过程中，有3架被阿军35毫米口径高炮击伤后坠毁，并没有很好地完成防空压制任务。

三、结语

综合来看，阿根廷的高层指挥系统极度混乱，特别是陆海空三军沟通不顺，缺乏协作，甚至不同军种之间各怀鬼胎。加之战事发生突然，岛上陆军和空军基地均没有有效建设，空军飞机只能从阿根廷南部的大河等基地奔赴战区，长途奔赴致使在岛上的可作战时间极短，且战斗中情报传递、决策迟缓，误击误伤现象屡见不鲜。所以马岛战争中阿根廷空军的英勇作战仍不能改变马岛被英国占领的事实。因此，阿根廷在马岛战

参加了"黑鹿行动"的"火神"轰炸机

争的失败不应该由空军背负。

而英国方面，利用先进的AIM-9L空空导弹和密集的训练以及有效的战术，让"海鹞"获得了22∶0的光辉战果。但是，英国海军航空兵在马岛战争的防空作战只能用两个字形容——惨败。

"海鹞"在作战中因为航程和速度以及出动率

的限制，并没有夺下马岛战区的制空权，就算在英国登陆之后，阿根廷的无武装的运输机都可以直飞马岛的斯坦利机场，其他战机甚至如入无人之地，而"海鹞"只能被动地到处灭火，去追击完成低空攻击任务的阿根廷攻击机。而前出的防空舰没有了舰载机的保护，只能被敌人的攻击机无情蹂躏。"火神"执

阿根廷空军第5旅的A－4"天鹰"攻击机

阿根廷航母"5月25日"号上的A－4攻击机，该航母在整场战争中都没有发挥应有的作用

行的超远程防空压制任务是整场海空战中，英国空中力量为数不多的闪光点。

3.4 "北极熊"与"骆驼"：苏阿战争中的空战导弹应用

战争爆发的起因

一切始于1978年4月的一场政变。

在1973年，达乌德依赖军官和阿富汗人民民主党实现了不流血的政变，掌握了政权，建立了共和国。达乌德通过政变上台后，实行等距外交政策，一方面拿着苏联的利好，另一方面又和美国进行合作。在这个阶段，达乌德为了得到美国的支持，和美国达成了协议——以消灭左派为筹码。因而他有意疏远阿富汗人民民主党的成员，甚至打压他们。这引起了阿富汗人民民主党的极大不满，同时这种做法也引起了苏联的反感。苏联也曾警告过达乌德政府"为了维护共和国制度，最好不要对可信赖的左派同志进行打压"。矛盾在逐渐激化，一方面，阿富汗的伊斯兰组织也宣称达乌德政权为"法西斯"政权，并通过游击战争的手段对抗达乌德政权。

于是在1978年4月，在未告知苏联的情况下，阿富汗人民民主党中"人民派"利用"旗帜派"主要思想家海拔尔被暗杀后喀布尔的有利局势，提前动了手。在军官们庆祝挫败共产党的行动之时，他们内部实际上已经危机四伏。第四坦克旅发生叛乱，军官们发动政变推翻了达乌德政权，塔拉基上台。但是实际上塔拉基的权力在逐渐被架空，阿明成为实际掌权者，阿明推行强硬的政策清洗旗帜派人员，国内也爆发了多场叛乱，社会趋于不稳定化。苏联政府甚至警告阿明不要破坏革命的社会基础，但是事与愿违，事态朝着背离人民的方向走去。

事态逐渐不可控制，阿富汗向苏联要求派兵支援，尽管这场骚乱最终被阿富汗政府平定，但是极大地动摇了阿富汗国内政局。平定骚乱后，苏联应阿富汗政府请求派遣了一支"穆斯林营"进入阿富汗。苏联政府是支持塔拉基的，但是阿明的夺权图谋越来越明显。最终，阿明在塔拉基从哈瓦那参加完不结盟国家会议之后，策划了一场夺权工作，将塔拉基赶下台，掌握了国家政权。迫于现实情况，苏联也不得不承认阿明的地位，毕竟只有阿明能控制局势。阿明上台后，公开指责苏联大使曾站在反对派一边。但是阿明也很清楚，维护阿富汗的稳定必须和苏联保持良好关系，接

阿富汗前总统哈菲左拉·阿明（1929 年 8 月 1 日～1979 年 12 月 27 日），曾经是阿富汗民主共和国的最高领导人，其担任领导人之后的一系列政策触犯了苏联的利益，1979 年 12 月 27 日苏联特种部队突袭阿明住处，处决了阿明，阿富汗战争爆发

受苏联的援助，因此，阿明热情地接待苏联来访人员并密切保持着和苏联的合作。但是苏联最高领导人勃列日涅夫对这个"小兄弟"并不放心，加之苏联在这个时期推行的"南下战略"中将阿富汗视为极为重要的前进基地，因此苏联一定要拿下这个地方，为了保证自己的战略能够顺利进行，苏联决定武装干涉阿富汗。

行动从阿富汗内部开始，"穆斯林营"和"顶点"分队成为进攻的主力。与此同时，早已集结在边境的苏联第四十集团军在迅猛的空地立体突击中进入了阿富汗，阿富汗军队不堪一击，阿明政权瞬间覆灭，苏联扶持卡尔迈勒上台组建傀儡政府。

当时阿富汗国内局势已经极端恶化，苏联的进攻更是加剧了情况的恶化。阿富汗国内形成声势浩大的反对新政府的武装叛乱，一些民族主义势力进行广泛的游击战争对抗苏联，苏联第四十集团军成为打击游击队的主力，苏联陷入了苏阿战争的泥潭。

在苏阿战争战场上，空战导弹得到了广泛的应用，尤其是空地导弹。苏联拥有绝对的制空权,为了清剿神出鬼没的游击队和便于山地作战,苏联广泛使用空地导弹对游击队的据点进行打击以及支援地面部队的行动。

战争中空战导弹的应用

苏军在阿富汗战争中遭遇的困境是前所未见的，毕竟苏联在对抗游击队方面和山地作战方面的经验相对较少。

苏联军队和阿富汗游击队进行的大规模战役较少，多数是局部规模战役，并且面临着极为复杂的情况。一方面是战役战场的复杂性，在"绿区"、山区和居民点作战，地形较为复杂，障碍物较多，不利于摩托化部队的机动；游击队对当地地形熟悉，运动灵活，因此容易掌握战场主动权，采取灵活的战术打击苏军。相比之下，苏联军队就处于较为被动的局面：对于地形不熟悉，"绿区"和山地中容易隐蔽部队，空中战术侦察的效果也会大打折扣。火炮集中使用的方法也越来越难以奏效，苏联军队不得不将火炮部队拆开来使用，而单炮作战在之前苏联炮兵中使用是非常少的；重型火炮过于笨重，反应速度慢，不适合山地作战，小口径迫击炮受到了广大苏联官兵的热烈欢迎，苏军将82毫米迫击炮装上车用作压制火力，取得了较好的作战效果。另一方面，在这种特殊地带作战，水渠、坎儿井、房屋、窑洞分布广阔，而且四通八达相互联系，成为游击队良好的防御工事，大大延缓了苏军的作战进度；而且茂密的植物使利用烟雾判断敌我双方位置等方法大打折扣，这也导致了双方交战距离非常近，通常只有50米～100米，在这种情况下限制了支援火力的发挥，在使用某些精度较差的打击武器，比如武装直升机的火箭弹，就必须三思而后行；步兵和迫击炮连成为作战的主力，每个步兵都携带了超量的手榴弹，有些地方装甲部队根本无法通过，只能依靠步兵作战，而且每个连都要求有航空瞄准手和炮兵校对手，每个班配备了电台作为信号转发器，携带大量的设备在复杂条件下作战，伤亡的概率增加了不少；由于游击队巧妙利用当地的各种设施，甚至可以在重重封锁条件下溜之大吉，这让苏联的士兵异常烦恼。

苏联士兵在山区作战中所能得到的最有力的支援也许就是空中支援了，毕竟空军的精确制导武器和航弹有较好的打击效果，它们能够很好地克服复杂地形带来的不利条件，并且其巨大的威力也能有效杀伤敌人。在针对不同目标作战的时候，苏联会选择使用空气燃料炸弹、燃烧弹等弹种对敌人发动打击，通常会有较好的效果。

描绘米-24"雌鹿"武装直升机双机编队在阿富汗山区巡逻的绘画作品。在苏联入侵阿富汗整个战争期间，米-24"雌鹿"武装直升机发挥了巨大作用

苏联在阿富汗空中支援作战中，主要以使用武装直升机和攻击机为主。其杰出代表为米-24"雌鹿"武装直升机和苏-25"蛙足"式攻击机，这两种飞机在阿富汗战场上相互配合，成为深受地面部队喜爱的支援利器，在众多作战中，都是以它们的空中支援作为开场的。米-24直升机是米里设计局在20世纪70年代设计的武装加运输多用途中型直升机，这是苏联第一款，也是世界第一款。米-24D作为米-24的一种改进型，更换了TV3-117型涡轴发动机，驾驶舱装甲加厚，增加了对驾驶员的保护，前机舱经过重新设计，驾驶员座位调整到后舱，扩大了视野。一切改造都为了更好地执行对地打击任务。米-24系列一个重要的特点就是拥有极为强劲的火力，采用炸弹和火箭弹混合挂载的手段，典型武器为AA-8"蚜虫"、AA-11"射手"或IGLA空对空导弹；AT-2反坦克导弹；57毫米火箭筒；80毫米、130毫米或240毫米火箭弹；双管的23毫米枪筒，在必要的时候它还可以挂载4枚250千克炸弹或者2枚500千克炸弹进行作战。

在阿富汗地区，米-24经常执行巡逻、对地支援以及输送空降部队的任务。在执行武装侦察任务的时候，米-24经常会以双机甚至多机编队的方式出动，其武器配置通常包括2台FFAR挂架、2枚反坦克导弹及500～700发航炮炮弹。反坦克导弹的作用是非常巨大的，它们除了能够打击敌人的车队外，还能根据具体情况更换弹头，比如在更换空气燃料弹头的时候还能对付工事，利用其高精准度的特点，可以钻入工事内部，35千克的弹头引爆后往往能彻底摧毁一个工事，深受士兵们的喜爱。直升机之间间隔大概600米～800米，最大程度保证了视野，并且在这种距离下可以获得较好的侦察效果，做到侦察范围和精确度的统一。在这个距离上直升机也可以自由机动，方便对来袭的地对空导弹进行规避。当发现目标时，以双机编队的模式对敌人进行打击，首先针对敌方目标发射导弹进行精确打击（尤其是车队），之后再利用火箭弹和航炮进行打击。米-24还会执行掩护空降部队和车队的任务，在执行空降作战的时候，米-24多个双机编队对运输直升机进行伴随掩护，在运输直升机降落之前，米-24会配合苏-25清理降落地点周围的敌人，利用导弹打击防空据点、火力点等，同时再利用火箭弹打击敌方处于暴露状态下的士兵。在保护车队的情况下，巡视车队周围2千米～3千米的范围，这通常是敌人发动进攻的距离。在遇见敌人游击队的时候，每个B8V2O型火箭巢会投射出20枚S-5型火箭弹进行压制，某些轻型车辆和架设高射机枪的火力点会被导弹清除。总的来看，导弹在米-24直升机这里承担起了重要的任务，除了老本行——打击车辆外，更多是对付各式各样的火力点。

苏-25是阿富汗战争中苏联空对地支援的利器，这种苏霍伊设计局设计的亚声速对地支援攻击机和A-10的竞标产品A-9有不少类似之处。装备了两台R195型涡喷发动机的攻击机有强大的挂载能力，它们赶上了阿富汗战争，是一出生就接受战争检验的飞机，在阿富汗战场上它和米-24

一起成为令游击队最头疼的敌人。它可以在简易跑道上起飞，具有极强的战场适应能力，可靠耐用，是支援好手。苏-25的固定武器为安装在前机身左侧的DPGSH-301型30毫米双管机炮，携弹250发，最高射速为3000发/分，这样高的射速只要6次短射就能把所携带的弹药打光。机翼下共有8个挂点，最大载弹量比A-10少许多，只有4400千克，包括57毫米和80毫米无控火箭、500千克燃烧弹、化学集束炸弹、AS-7/AS-10/AS-14等各型空对地导弹、"旋风"反坦克导弹，两个外翼挂架可带"环礁"或"蚜虫"空空导弹。苏-25防护能力很强，有24毫米的钛合金防弹装甲，发动机外也有5毫米的装甲，机身之所以会有短粗的外形，在一定程度上也是考虑了防弹效果。实践证明，它可以对游击队使用的ZSU-23-2高射炮进行较好的防护。

苏-25在阿富汗主要和米-24配合进行密集的打击，一个经典的战例就是在1982年进攻"绿区"的战役。1982年1月到2月，苏军决定歼灭"绿区"内的查理卡尔、贾巴尔-乌萨拉吉和马赫穆德拉基等地的叛匪武装。他们大概有4500人，经常会骚扰苏联空军基地所在的巴格拉姆机场，抢劫汽车运输队，袭击苏军哨卡。

苏军调集了十二营和阿军8个营前来参战。第四十集团军副司令员担任这场战役的总指挥。这场战役在苏-25的空中支援下快速得以结束，苏-25本身搭载的AS-7型空对地导弹在摧毁坚固据点时发挥了巨大的作用，极大地加快了苏军推进的速度，加速了战役进程，战役得以快速结束。这场战役只是一个开始，为同年4月苏军一举捣毁拉巴梯-贾里的贩毒窝点提供了有益的经验。

捣毁贩毒窝点的战役在1982年4月5日打响，打头阵的就是空军的苏-25攻击编队。苏-25利用AS-7导弹对敌人前线火力点、坚固工事进行重点打击，随后利用炸弹对敌人阵地进行轰炸，极大地压制了敌人。随后，发射了航空照明弹，直升机部队进行快速的空降，将部队投送至指定区域。随后，苏-25进行了第二次猛烈打击，空地导弹肃清了残余的坚固据点，火箭弹和炸弹极大地杀伤了敌人的有生力量。在第二次空中打击后，空降兵迅速占领了目标，收缴了1500千克的鸦片半成品，战役目标完满完成。在这场战役中，苏-25扮演了不可替代的角色，其空地导弹则是最为尖锐的打击利器。

苏-25蛙足攻击机，与美国A-10攻击机并列为冷战攻击机双雄，也是另一种在阿富汗战争中发挥了重要作用的CAS飞机

苏联入侵阿富汗使苏联陷入了一个巨大的泥潭，极大地消耗了苏联的国力，最终苏联在1988年下令撤军，以彻底从泥潭中抽身。在此后不到三年，苏联就彻底分崩离析了。苏联在阿富汗的作战给人们留下了诸多的启示，其空战导弹的应用，尤其是对地打击方面，还是值得我们去研究的。

第4章 共和国天空的哨兵：我国空战导弹的发展

4.1 鹰击长空:我国的"霹雳"系列空空导弹

我国虽然不是最早一批发展空空导弹的国家，但却是最早与空空导弹交手的国家之一。在如火如荼的朝鲜战场上，先烈们用血肉之躯，与"联合国军"进行了殊死搏斗，虽然成功打退了17国的联军，但是自身也因为装备上的劣势，付出了惨重的伤亡。也是自朝鲜战争起，毛泽东主席就提出了"向科学进军"的号召。党中央非常希望有朝一日中国人民能用自己的双手，建设一条新中国最现代化的"长城"，一条可以抵御外国列强，保家卫国的"科技长城"。在国家的号召下，大批留学海外的科学家纷纷回国，其中就包括了著名的钱学森教授。在国家经济还很贫困，工业基础非常薄弱的情况下，先辈科学家们用他们高昂的斗志，如火一般的热情，用自己所学投身于科学研究。

钱学森教授自身的资历和学术水平极高，是当之无愧的尖端科技人才。美国学术界一直有一个广为流传的佳话："两大火箭之星，一个是西方的布劳恩，另一个是东方的钱学森。"

布劳恩全名是韦纳·冯·布劳恩，是"二战"时期德国纳粹顶尖的火箭和导弹专家，威名响彻云霄的V-1和V-2导弹就是布劳恩的作品。将钱学森与布劳恩比肩，足以证明钱学森教授对火箭和导弹的造诣。如此顶级的学术造诣，对于美国来说，自然是非常看重的。所以，钱学森教授提出回国的要求之后，在美国的学术科研界和军界、政界、商界（美国很多军火公司都在争抢美国新的武器装备购买的项目合同，钱学森若离去，则会对它们的项目研发造成巨大的损失）都引起了轰动，基于此，阻碍钱学森回国就成了美国政府的最后手段。

艰难回国

1950年9月，钱学森教授辞去了他在美国的一切职务，还拒绝了美国项目代表人士的联合研发邀请（其中包括弹道导弹的研究）。就在钱学森订好机票后的两天时间里，美国情报组织FBI突然将他委托加拿大货运公司托运的行囊扣下，并且在同一天时间里，将钱学森夫妇扣留。理由是"有潜在的损害美国最高利益的倾向"和"有意向共产主义中国泄露美国机密"等（实际上这些理由都是莫须有的）。

在被FBI的特务探员非法抓捕后，钱学森教授被关押在特米那岛上一个封闭式的监狱中。特米那岛是北太平洋的一个小岛，受美国海军保护，岛上常年驻有警备力量和高速巡逻快艇（视情况加装大口径机枪）。在这个监狱当中，美国特务探员对钱学森进行了一系列的迫害，包括"水刑"。除了进行肉体上的迫害之外，狱警还会隔一段时间（一般是40分钟），就用警棍敲击狱门并且高声呵斥钱学森教授，使得钱学森教授难以正常休息。

钱学森教授被捕迅速成为美国新闻媒体界的重磅消息，无孔不入的新闻工作者开始想方设法采访钱学森被捕一案的有关人士，希望能以该消息博得大众的眼球。就在新闻界大力报道的同时，美国学术界也开始进行"拯救行动"。美国加州理工学院和相关科研院所开始筹集资金，用于打官司（筹集到了

1.5万美金，这在当时是天价）。

中国政府在得知消息后，也开始和美国政府接洽。中方表示，如果让钱学森一家平安回国，中方愿意释放朝鲜战争时期被志愿军俘虏的联军战俘。

在多方的协助下，美国政府终于将钱学森释放。虽然释放的代价高昂（加州理工学院缴纳了1.5万元美金、中国政府释放了战俘），但是钱学森教授的自由和安全才是最珍贵的。钱学森出狱后，美国加州理工学院校长找到了钱学森教授，向他说了这样一句耐人寻味的话："不要消沉，工作吧。不为政府，为孩子（钱学森长子钱永刚当时已经出生）。孩子将来上加州理工学院免试。"这席话说对了一半，毕竟在美国发展，儿子毫无疑问能得到更好的教育和更好的物质生活，但钱学森心系于祖国，致力报效国家的爱国心，使他依然坚定地要回国，别的还来不及考虑。

出狱手续办完后，钱学森一家再次订好了加拿大到香港的机票（由于美国对华的抵制，导致航空公司并未规划中国到美国的航线与航班）。

1955年9月17日，钱学森一家终于登上了回国的飞机。但是在登机前的9月16日，钱学森教授的老友，加州理工学院校长给钱学森教授送别时，再次对他说："我说过的那句话还是算数的（指免试）。"

朝鲜战争时期，中国同联合国军（由17国混编组成）进行殊死搏斗。在这场大战当中，中国志愿军发扬了"誓死保卫国家"的精神，在多次战役当中身先士卒，用最落后的武器击败了最先进的多国联盟。最著名的战役"上甘岭"更是让中国陆军成为公认的"世界步兵的巅峰"。

在这场大战当中，联军的俘虏数字一直是不确定的。美国人根据自己的统计，说共有三万余人被俘虏，战后中方虽然先后释放了其中的五千余名，但是仍有二万六千余名战俘不知所踪。韩国李承晚政府也在公众媒体上宣传，韩国军队也有八万多正规军、四万多警察和宪兵被俘虏（其中部分被朝鲜人民军收编）。而根据我方统计数字，志愿军仅俘虏了六千余人，在战后（战时也就地释放了大量战俘）陆续释放一批战俘。在钱学森教授被拘捕的时期，我方仍控制着千余名美军战俘。

回国之后

回国后，钱学森教授先后受到了毛泽东主席和周恩来总理的接见，毛泽东主席更是以"国宴"的规格接待这位艰难回到祖国的科研工作者。宴席之间，毛泽东主席示意钱学森教授要在中国努力搞科技研究和工业研发。其中一句话更是形象地将我国的国际政治环境表述了出来。这句话的内容是这样的："中华人民共和国现在在国际上，被主流强国奚落，我们的情况很急迫，发展我们自己的导弹、卫星和核武器，是刻不容缓的。只有我们自己自强了，才不会被别人欺负。只有我们自己站起来了，才不会重蹈你的覆辙。"

与毛泽东主席的授意一样，周恩来总理的话则更加坚定了钱学森教授的科研信念。周恩

1955年，毛泽东主席在中南海接见钱学森教授

周恩来总理是钱学森最为尊敬的"挚友"。钱学森晚年回忆周恩来总理，是这样评价的："这一生帮助我最大的两个人，一个是我岳父蒋百里，另一个就是总理周恩来。他就像一个绅士，品德和内涵都非常高尚的绅士。"

周恩来总理接见钱学森教授

钱学森公式。利用附件装置，让导弹实现机动变轨。除了可以延长导弹的射程之外，还可以大大提高导弹的精度。我国闻名于世界的东风-21D和东风-26系列的弹道导弹中所使用的变轨概念，就是由钱学森教授所创

来总理说："以后在研发上，遇到了物质方面的难题，可以直接给我写信，我会尽自己全力去满足你们。"

钱学森教授的回归，奠定了我国"三钱格局"（钱三强、钱学森、钱伟长）的科技发展道路。我国第一代、第二代的导弹和卫星系统，都是出自这三位之手，深刻影响了我国的发展和我国武器系统的研发。

"霹雳"-1(PL-1)近距空空导弹

"霹雳"-1近距空空导弹是我国早年引进米格-19战斗机时一同引进而来的。在那个工业基础薄弱，经济体系落后的时代背景下，我国发展导弹工业唯有引进、仿制。

1958年下半年，在苏联专家的指导帮助下，我国开始了首款国产空空导弹的研制。由于工程难度大，技术水平高，国务院号召"全国人民一块搞"，也就是说，一款空空导弹的研制到背后的项目团队，汇聚了全中华的精英。

1958年10月，在第一机械工业部（简称"一机部"）18所的牵头下，朱传千为总设计师，712厂、212厂、123厂、245厂、331厂、647厂等院所先后参与研制，项目工程人员达3000余名。而

后，在党和国家的统一部署下，全国知名的高校陆续参与其中，共同学习，共同研究。

终于，在项目团队的齐心攻关下，先后解决了5200多个难题，研制出了4300多种工业装备设施、30多套工业设备、50多套工业资料。为日后的空空导弹设计研究，打下了坚实基础。

与此同时，国家还抽调一部分精英人才，去建设大西北，建设国家某重点项目工程（即后来的导弹实验靶场，共和国第一颗原子弹就是在此引爆的）。

然而，天有不测风云——就在导弹研发迈入快车道时，中苏关系突然恶化，苏联专家开始撤离回国，仅剩的一些专家虽仍在执教，但都已经失去了当初执教的热情。就在霹雳-1完成基本工程研制，准备投入靶场实验时，苏联专家基本都已撤走。

为了让"霹雳"-1能够尽快落实打靶实验，国防科工委首先指示空军，先用战斗机发射苏联原版的K-5M导弹，检测一下导弹和平台的兼容性。1959年12月13日，在大漠靶场内，战斗机呼啸升空，在空中准确捕捉到目标，并先后发射了多

正在进行打靶实验的"霹雳"-1短距空空导弹

枚 K-5M 导弹。当导弹一一命中目标后，战斗机降落。再换上了"霹雳"-1号空空导弹进行实验，但令人匪夷所思的是，导弹脱靶。

在场的研究人员在听取飞行员的报告后，认为是战斗机和导弹之间的兼容性出现了问题。所以，又换上苏制 K-5M 导弹，再一次进行打靶实验。

当前后多次共 65 枚导弹（苏制 K-5M 为 61 枚，"霹雳"-1为4枚）试发，结局都以"霹雳"-1导弹脱靶而宣布实验失败时，科研人员终于找到了问题所在。原来是导弹姿态控制系统出现了差错，虽然该型导弹自始至终都在接受来自战斗机的信息中继，但是导弹自身的姿态控制出现了误差，导致导弹与弹靶之间出现了距离误差。

为了解决这些工程技术问题，国防部第六院专门组建了605所，解决缠绕在"霹雳"-1上的所有问题。605所项目人员在接到国防部的指示后，随即开展了相关的工作。首先，技术人员先对苏联原文的俄语技术资料进行了对比，然后又把"霹雳"-1所使用的所有材料和元器件进行了甄审。由于苏联此时已经停止了对华技术输出和设备供

左一为"霹雳"-1型空空导弹。中间为"霹雳"-2训练弹,右边为副油箱

应，311所副所长便带着项目采购部工作人员，在祖国的大江南北寻找原材料，购买而来的材料需要冷冻机收藏，但项目组既没有资金购买，也没有老旧的设备可用。若不是周恩来总理从外贸仓库特意调拨三台大型冷冻机，恐怕这些材料都将无法使用。

功夫不负有心人，1963年11月开始，定型后的"霹雳"-1再次进入沙漠靶场，再一次面对严酷的考核试验。导弹先后发射了20枚，全部命中目标。这也预示着，导弹的精度、可靠性、威力、速度都已经有了可靠的保障。

代号："霹雳"-1（PL-1）

最佳使用距离：3 km~4 km

最大使用射程：6 km

导引系统：雷达架束+无线电近炸引信

弹长：2.5 m

弹径：200 mm/654 mm（弹翼展开）

最大速度：2 Ma

作战高度：2.3 km~15 km

使用飞机：歼-6战斗机、强-5攻击机

"霹雳"-2（PL-2）红外近距空空导弹

1958年9月，我国浙江沿海渔民在捕鱼时，意外捕获到了一枚AIM-9B的弹体残骸。根据海水流向，应该是中国台湾在获得美制战斗机时，还购买了一批美制AIM-9B型近距防空导弹。而这枚AIM-9B的残骸，应该是中国台湾空军在进行武器射击时，掉入海中并漂至大陆沿海的。

这枚残骸随后被交于一机部，一机部研究人员在对残骸进行解析时，记录了大量的技术资料。苏联在得知我国打捞到了AIM-9B的残骸后，提出运到苏联国内进行研究的要求。由于我国基础尚弱，还不具备逆向仿制AIM-9B的能力，所以同意了苏联的要求。但是我国也要求，苏联必须向中国提供其米格-21型战斗机以及关于米格-21的技术资料。苏联在琢磨良久之后，同意了中国的该项要求。随后，AIM-9B的残骸及一机部所记录的技术资料分前后两批运至苏联国内。

苏联在得到AIM-9B的残骸后，仿制了能力相近的K-13型近距空空导弹，主要配给新锐的米格-21战斗机使用。1961年3月，中国空军司令刘亚楼将军携带代表团，赴苏进行有关引进米格-21型战斗机的谈判，期间双方达成了共识，签订了《关于供给中华人民共和国带有K-13型空空导弹的米格-21F-13型战机技术资料、生产许可的技术援助协定》。按照协定，米格-21F-13型战斗机及R-11F-300发动机的技术资料都将交

米格-21战斗机

米格-21在20世纪60年代属于先进飞机，也是当时少数能够超声速飞行的战斗机。它的到来，提高了人民空军的拦截作战能力和空战能力。

于中方，这让中国的航空工业在短时间内获得了腾飞。

米格-21F-13最大飞行速度是2马赫，翼下4个挂架可挂载航弹、空空导弹和油箱等装备。它的到来，不但从本质上解决了我国空军落后的历史，还首次对国民党空军形成了优势。

在20世纪50年代，盘踞在我国台湾的国民党

在国外分裂势力的协助下，组建了一批战斗力强，数量庞大的空军部队。国民党空军在得到这些帮助后，对我国陆地形成了局部的空中优势。国民党空军依靠高空长航时侦察机和高速战斗机，经常对我国大陆内地和沿海进行侦察、轰炸等袭扰破坏活动。我们同国民党的争斗也由初期的炮战、海战，演变为空战和防空作战的立体式争斗。为了杜绝国民党的反动活动，我方先后在沿海地区部署了防空的高射炮和战斗机部队。但是由于对方升限高（飞行高度），速度快，我方的反应和反制总是不能尽如人意。其中国民党空军最嚣张的时候，就是依靠升限突破20000米的U-2侦察机高空高速越过我方防空网，侦察我方内地的高价值目标。

迫于这种危险的环境，我们先后从苏联进口了"萨姆"防空导弹（国产仿制型为"红旗"-2）和米格-21战斗机，前者在江西南昌罗家集地区，击落了一架台军的U-2飞机，后者则对台湾的制空战斗机形成了质量上的绝对优势。

1962年，在得到米格-21F-13战斗机和K-13型导弹及附带的技术资料和图纸后，我们开始了逆向仿制的工

由于国际环境的特殊，我方在进口"萨姆"防空系统后，进行了保密措施。当外国媒体采访毛泽东主席，我们是如何击落U-2的时候，这位学识渊博且不失风趣的老者幽默地说了一句："用竹竿子捅下来的。"

被我军防空兵击落的
U-2侦察机

程。由于此前"霹雳"-1的研制工作已经铺好了基础，也为科研人员提供了相关的设计经验，所以此次的设计研发是比较顺利的。

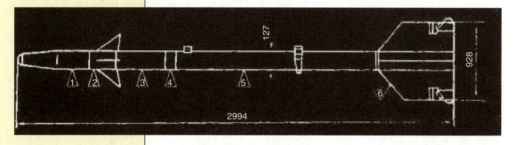

1.红外导引头 2.舵机舱 3.战斗部 4.近炸引信 5.固体火箭发动机 6.弹翼
图为"霹雳"-2早年设计底案

"霹雳"-2型空空导弹与"霹雳"-1型空空导弹相比，采用了更先进的导引模式。"霹雳"-1型空空导弹使用的雷达架束技术体制，需要机载火控雷达从搜索到跟踪这整个过程，都要稳定的为空空导弹进行数据修正和信息中继。这样的工作体制使得本机在空战时，容易分散注意力，并且还很占用火力通道（早期火控雷达都是只能跟踪并打击一个目标）。

而"霹雳"-2的红外导引头在攻击时，会针对敌方战机的尾喷口发出的强大红外辐射（也就是热量），自动跟踪并打击。但是早期的红外导引模式并不能和现今第四代空空导弹的红外成像导引头相比。由于早期红外导引模式无法成像，所以导弹的抗干扰能力特别差。朝鲜战争时期，AIM-9B曾与我国空军的米格-15战斗机交手（美机为F-86"佩刀"战斗机），我方飞行员向着太阳的方向做爬升机动，然后关闭发动机，AIM-9B便径直地向着太阳的方向飞去。

现代火控雷达的"搜索"和"跟踪"指的是两个阶段、两个概念。一般火控雷达的工作过程是：搜索→信息计算（距离、高度、速度）→敌我识别→威胁评估→为导弹装订诸元（通过计算机）→持续跟踪/照射目标。只要达到了跟踪层次，就意味着目标被本机锁定，随时可以开火击落目标。

但是作为第一代的空空导弹，AIM-9B 与 AA-2（即 K-13）、"霹雳"-2 型空空导弹都是近距导弹当中的"豪杰"。

歼-7挂载"霹雳"-2在地面做静态展示

名称："霹雳"-2型（PL-2）近距空空导弹

最佳使用距离：4 km~6 km

最大使用距离：8.6 km

最大速度：高空大于 2 Ma，低空为 1.3 Ma~1.6 Ma

作战高度：0.8 km~2.1 km

动力系统：固体火箭发动机

导引系统：红外导引头+无线电近炸引信

弹长：2.994 m

弹径：12.7 cm（弹体）/52.8 cm（翼展）

使用飞机：歼-6战斗机、强-5攻击机、歼-7战斗机、歼-8战斗机

"霹雳"-3（PL-3）近距空空导弹

"霹雳"-3是我国第一款自主研发、自主设计的空空导弹。通过此前记录的 AIM-9B 型空空导弹的技术资料，再吸收苏联 K-13 型空空导弹的技术，我国独自发展出了"霹雳"-3型空空导弹。

"霹雳"-3型空空导弹与"霹雳"-2、K-13、AIM-9B 空空导弹相比，技术水平更先进，射程更远，战斗能力更强。通过更换可抗大过载的被动红外导引头

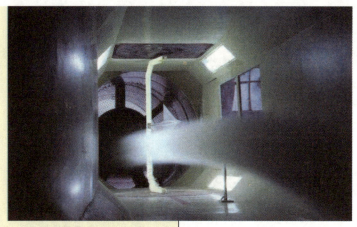

我国现在虽已建成了世界顶级水准的风洞群，但是我们不应忘记当年的艰苦

"霹雳"-3型空空导弹

"霹雳"-3型空空导弹自1962年6月开始研制以来，到1983年终止生产和研制。可以说，这款导弹虽然本质上不是一款成功的导弹，但是作为中国导弹工业的首次尝试，它奠定的基础和意义则是非同一般的。

和红外近炸引信，导弹在发射后实现了自主，无须再手动进行末端引导攻击。

1962年6月，"霹雳"-3正式启动研发工作，虽然有现成的K-13型空空导弹做参考，但是设计中还是有许多的问题，比如，导弹的气动布局模拟。当时我国还不能拿出足够撑起其使用的风洞，数值计算也高度依赖于人工计算。用某位科研人员的话说，就是"算盘叮当响，三两一斤误差两分"。虽然这话是调侃，但是当时的条件，的确是非常寒酸。但这一切都没有难倒我国的科研人员，在最困难的环境下，我国科研人员仍在坚持。研发大型风洞群，建设新一代的生产线，摸索导弹设计当中的奥秘，科研本质仍未改。

1979年10月，空军以歼-8战斗机为实验平台，在国家靶场进行空中试射和地面数据模拟实

验，在可靠性和实用性都满足空军的标准后，于
1980年4月正式定型，在1982年8月，又发射了8
枚导弹进行服役后的实验补充训练。

名称："霹雳"-3（PL-3）

射程：12.8 km

速度：2.45 Ma

作战高度：0.735 km~2.25 km

导引模式：被动红外+红外近炸引信

动力系统：固体火箭发动机

弹长：2.123 m

弹径：135 mm（弹体）/654 mm（翼展）

使用飞机：歼-7战斗机、歼-8战斗机

"霹雳"-5（PL-5）近距空空导弹

"霹雳"-5是我国第三款自主研发的近距空
空导弹，其技术来源和理念都来自于未及实施的
我国第二款自主研发的"霹雳"-4型空空导弹。
该弹分两个版本，采用半主动雷达导引的"霹
雳"-5甲（PL-5A）和采用红外导引的"霹雳"-5
乙（PL-5B）。

1966 年，
"霹雳"-3还
在 研 发 的 同
时，我国就开
始了第二款空
空导弹的设计
工作。当时鉴
于国际环境的

采用红外导引的R-98T和
半主动雷达导引的R-98R

R-98R

R-98T

考量，我国的主要敌对国家苏联OKB-339局已经研发成功了一款新型的AA-3型空空导弹（苏联代号为R-9、R-98）。AA-3型空空导弹有两种版本，红外导引头的R-98T和半主动雷达导引头的R-98K。这种设计不是说将两种导引设备集成至一款导弹内，而是通过"模块化"，在一个导弹型号上衍生两个不同性能的子型号。

这种设计让我国的科研人员非常感兴趣，在收集到一点关于该型导弹的情报后，三机部便展开了国产同类型导弹的技术攻关。

在技术攻关最初时，我国面对新颖的"半主动雷达导引模式"还比较生疏，毕竟此前设计、接触过的导引模式，皆为红外导引模式。所以针对这一技术，我国科研人员先后做出了许多技术上的努力，其中包括导引头制导元器件的小型化和集成化设计。

1980年~1984年，"霹雳"-4完成了地面实验和空中试射，各项性能表现良好。但是由于空军对此性能表现出了不满，要求继续改进。在这种情况下，科研人员只好放弃现有型号的研制，在现有型号的基础上，做出重大改进。就这样，"霹雳"-4下马，新的研发型号"霹雳"-5上马。

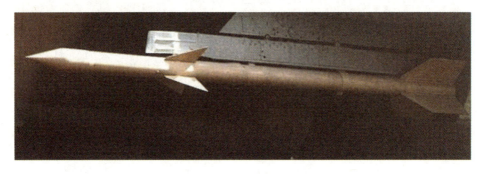

半主动雷达导引版本的"霹雳"-4型空空导弹

"霹雳"-5上马研制后，研究人员审时度势，认为半主动雷达版本的"霹雳"-5应暂时停止研究，专注技术成熟、可靠性良好的被动红外版本的研发。所以，在现今的研发史上，"霹雳"-5甲导弹都处于空白状态，其流出的技术数据，多为"霹雳"-4时代的。

1986年9月，技术早已成熟并且通过多次实验的"霹雳"-5B终于得到了生产许可。除了服役于我国空军外，也随着国产战机的外销而走向国际。并且在国际上多次战争当中，表现出了良好的性能水平。

名称："霹雳"-5B（PL-5B）

射程：16 km

机动过载：30 G

最大速度：4.5 Ma

弹长：2.895 m

弹径：12.7 cm（弹体）/65.7 cm（翼展）

导引模式：红外导引+红外近炸引信

装备机型：歼-7战斗机、歼-8战斗机

服役国家：中国、埃及、伊朗、伊拉克、阿尔及利亚、巴基斯坦等

继"霹雳"-5B之后，我国又在"霹雳"-5B的基础上，研发了一款全新的"霹雳"-5C型空空导弹。"霹雳"-5C型空空导弹采用了当时颇为先进的激光近炸引信，动力系统也换成了新式的固体火箭发动机和少烟推进剂的组合，不仅提高了推进动力，还增强了大过载和发射安全性（导弹尾烟太大容易让发动机吸入并导致停机）。

"霹雳"-5C导弹

"霹雳"-5B作为一款第二代空空导弹，其升级型"霹雳"-5C则达到了第三代空空导弹的水平。

中国空空导弹的里程碑："霹雳"-8(PL-8)空空导弹

"霹雳"-8空空导弹的技术来源于以色列的"怪蛇"-3空空导弹。我国之所以引进"怪蛇"-3空空导弹，主要是国内的导弹工业虽然发展劲头迅猛，但是缺乏足够的创新，技术水平虽然节节提高，但是较国外仍有差距。而且，苏联在20世纪七八十年代，技术水平突飞猛进，军事实力也强于我国。在中苏边境，苏军陈兵数十万，其中包括了当时新锐的T-80主战坦克、米格-23战斗机。苏联红旗太平洋舰队也常年在堪察加半岛部署有大规模的海军舰队群。

苏军配备的图-22M型超声速轰炸机。通常，在米格-23的护航下，图-22M携带核武器向敌国发动核突击

巨大的国防压力，让我国在军备的发展上，容不得拖延，不能再满足一点一点的推进。而且，苏军部署在远东的图-22M轰炸机，具备对中国大陆纵深地区的核突击能力，这点更使我国忌惮。为此，让我国的空军成为截击的利剑，就成了必须的选择。

1982年，以色列空军在贝卡谷地与阿拉伯国家的苏制米格-23发生了大规模的空战，"怪蛇"–3在这一战役当中表现优秀，扬名于国际，让我国产生了引进的想法。

20世纪80年代末，我国从以色列秘密进口了一批"怪蛇"–3空空导弹。之所以要采取保密形式，是因为国际局势的混乱。以美国为首的西方国家若知晓以色列和中国的这场军火交易，必然会向以色列施压，结局必然是合作失败。我国与以色列的预警机项目合作，在成功的前夕，就是因为美国的介入而失败。而且，阿拉伯国家和我国关系比较友好，若阿拉伯国家知道了中以的合作，也会向我国施加压力，届时极有可能会对我国的外交产生被动和不利影响。

以色列原版的"怪蛇"–3空空导弹

为此，中以在保密工作上，做到了周密而详细的安排。例如，导弹运输船先经由红海航行至马六甲海峡，在印度洋某个坐标，运输船与我国舰艇会合，之后我国舰艇全程为运输船"护航"。

为了得到这批导弹，我国不惜动用那时本不强大的海军舰艇编队，足以证明我国对这批导弹的重视。

1991年~1992年，我国根据以色列提供的技术资料以及自身生产线的生产经验，开始对"怪蛇"-3的全国生产化工作进行了研讨（国内生产的"怪蛇"-3代号为"霹雳"-8）。国产化的"怪蛇"-3研发工作在初期进展顺利。

名称："霹雳"-8（"怪蛇"-3）

射程：500 m～15 km

最大速度：3 Ma

使用高度：2 km

最大过载：40 G

导引系统：单元被动红外制导+主动雷达引信/触发引信

动力装置：固体火箭发动机

弹长：2.99 m

弹径：160 mm（弹体）/860 mm（翼展）

20世纪90年代后期，国产化"霹雳"-8的研制工作（亦称为"霹雳"-8改进型）宣告结束。这款脱胎于前型号的新空空导弹，以四元红外制导代替了原先的单元红外导引系统。新的导引头大幅度提高了对假目标的识别能力，尤其是红外导引模式的天敌"热焰弹"。

然而，改进型"霹雳"-8虽然有着良好的性能，但是由于120千克的自重以及对战机平台的要求，使得中国当时仅有部分战机具备发射的能力。

共和国的英雄——海空卫士王伟少校的座机81192在南海上空拦截美国军机时，挂载的就是改进型"霹雳"-8空空导弹

导弹主要重量来自于元器件和动力系统，新的导引系统不但庞大，还非常笨重。固体火箭发动机的重量虽然是普遍的，但是因为技术水平的进步，动力和燃料系统的升级，使得这些重量可以忽视。

总而言之，虽然"霹雳"-8拥有良好的性能，但是碍于基础工业的不发达，新技术的小型化和综合集成能力不过关，导致性能必须以重量和体积弥补，所以才会让大多数现役战斗机难以挂载。

其二，普通的歼-7战斗机和歼-8战斗机若要使用"霹雳"-8，必须将战斗机升级。这里的升级，指的是将机载火控设备从原先的测距火控雷达更换为脉冲多普勒火控雷达。如果不将雷达升级，"霹雳"-8的潜力难以悉数发挥。这主要是测距雷达在搜索角度和多目标的数据处理上不如脉冲多普勒雷达。

也因为"怪蛇"-3的引进，我国在锑化铟材料上实现了突破。锑化铟材料主要用于制作红外探测器，使用领域为红外跟踪、制导、热成像等。20世纪60年代，我国开始研究红外寻的制导所需要的单元和小线列器件，虽然研究顺利，但是进步幅度小，许多装备都面临刚服役就落后的局面。"怪蛇"-3引进后，我国科研工作者首次接触到了西方国家所使用的先进锑化铟材料红外制导，

昆明物理研究所研发的 320×256 元焦平面芯片。该芯片已在新一代空空导弹上使用

随后我国开始深入研究该系列材料。20世纪90年代，我国开始研究128×128元锑化铟材料。2004年，中航工业某电光设备研究所研发出了128×128元的锑化铟成像头。这种先进的材料用于第三代红外空空导弹上，性能领先同代的AIM-9L。2006年，昆明物理研究所又在320×256元焦平面器件上取得突破，先后掌握了晶片的表面处理、成结、芯片成型、倒转互连、背减薄等关键技术。

撕裂天空："霹雳"-10(PL-10)近距空空导弹

"霹雳"-10是我国目前为止，最先进的近程（格斗）空空导弹。与日本的AAM-5B、美国的AIM-9X BLOCK1、德国的IRIS-T、南非的A-DARTERY、英国的ASRAAM等第四代近距空空导弹相比，"霹雳"-10在导引、射程、精度、动力上都有些许的优势。未来"霹雳"-10空空导弹将会成为我国第四代战斗机的标准配置，一同捍卫共和国的天空。

"霹雳"-10最早于2009年定型，完成测试后歼-20战斗机于2011年挂载"霹雳"-10进行了电磁兼容、射控模块整合、射击实验等科目的演练。演练出的各项结果，如

"霹雳"-10除了配备给第四代战斗机外，我国庞大的三代机机群也将使用"霹雳"-10空空导弹。

我国新批次的歼-10B改进型挂载"霹雳"-10进行集成试验

大离轴角锁定/攻击、越肩发射能力，都符合国家的标准。

这两种技术对于导弹的气动设计、设备性能、制导系统都提出了非常高的需求，以导弹的抗荷来说，必须达到35G的抗过载能力才能保证作战。

在2016年12月的"红剑"军演中，歼-20携带现役的"霹雳"-10近距空空导弹和"霹雳"-12中程空空导弹大放异彩。歼-20在以中程空空导弹锁定目前世界最先进的空警-500和空警-2000预警机后，以"霹雳"-10近距空空导弹击落世界现役三代机顶级行列的歼-10B改进型。在这一军演当中，歼-20以10∶0的战绩，完胜歼-10B和歼-11B型战斗机，夺得了2016年"红剑"军演的王冠。

"霹雳"-10的优良性能，离不开中国导弹工业的支持。根据资料显示，在"霹雳"-10的身上，我国突破了320×256元锑化铟成像头技术，洛阳光电所和昆明物理学院先后展开了320×256元凝视焦平面芯片的成型、精加工技术，使其加工精度达到了10μm左右的水平。

此外，"霹雳"-10还运用了气动力/推力矢量控制（TVC）系统、小型化捷联惯性制导系统、红外成像制导系统。其大离轴角也达到了惊人的±90°，这意味着射程范围内的目标即使机动过载再大，也难以跳出"霹雳"-10的"不可逃逸区"（战机的最大过载一般保持在8.5G~9.3G，少数战机瞬时过载能超10G）。

大离轴角指的是导弹在机身纵轴线40°~90°夹角下作战。一般的，大离轴角度越大，对作战越有利。在过去，导弹在作战时，机头和目标都必须处于一线，大离轴角作战则可以使得机头在不对准目标时，仍可发射。这种能力使得近程空空导弹实现了真正意义上的"全向攻击"能力。

越肩发射能力指的则是战机在打击后方的目标时，导弹的发射和飞行方式。一般越肩发射有两种解释：一、前射。己方战机在前，敌机在后，导弹在发射后通过自身的转向设备完成大角度转向打击后方敌机。二、后射。导弹的安装角度与战机前进方向相反，不经转弯机动直接打击后方的战机。

"不可逃逸区"指的是战机在一个区域内，不管做任何机动，都难以逃脱死亡的区域。这个区域的大小，由导弹的可用过载、最大工作时间、导弹最大跟踪距离、最小接近距离等元素构成。

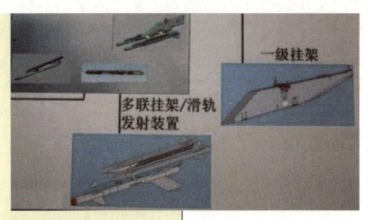

我国此前设计的多联挂架和滑轨。这款挂架可兼容多数空战武器,是一款性价比相当高的系统

因为"霹雳"-10的优异性能,我国在"霹雳"-10的基础上,推出了一款外贸版本的"霹雳"-10E。"霹雳"-10E是中国空空导弹研究院研制,前后历时7年。可以说,"霹雳"-10E是"七年酿一弹"。这款导弹有着大离轴角度、高性能机动过载、反隐身目标、抗干扰能力强等诸多优点。而且,这款先进的空空导弹还可以配备给三代机甚至是部分二代机使用,只需要在火控计算机内整合"霹雳"-10E的射控模块,就能做到发射并制导。若外军战机导弹发射架不兼容"霹雳"-10E,也可使用我国提供的配套发射架进行串联挂载。

目前,已有巴基斯坦、阿根廷、埃及等国家表现出了对"霹雳"-10的购买兴趣。而我国与巴基斯坦联合研发的第三代战斗机"枭龙"也可以挂载该型近距空空导弹,未来,这两款装备有望打包出口。

名称:"霹雳"-10E(PL-10E)

制导模式:红外成像制导

射程:20 km

弹径:160 mm(弹体)/296 mm(翼展)

过载：50 G

大离轴角：±90°

速度：大于 4 Ma

装备机型：四代机、三代机、部分二代机

"霹雳"-11（PL-11）中近程空空导弹

"霹雳"-11是我国第一款中近程空空导弹，也是我国首款能够进行超视距打击作战（BVR）的空空导弹。它的出现，填补了我国空军中距空空导弹的空白。

"霹雳"-11由四部分组成，第一是制导部分。制导部分又由高功率天线阵列、电池组、电力转化装置、惯性制导系统、目标搜索装置、电力供给系统组成；第二部分是战斗部，由爆破战斗部组成，破片也可杀伤其他目标；第三部分是推进系统，由火箭发动机组成，可以让"霹雳"-11最高加速到3马赫以上的速度；第四部分是控制部分，主要是让弹体在空中做出变轨机动，修正自身姿态，改变航向。

1986年，我国开始和意大利合作，就引进"阿斯派德"导引头和意产AIM-7空空导弹进行了磋商。当时我国是想在美制的AIM-7和意产

在地面做静态展示的"霹雳"-11

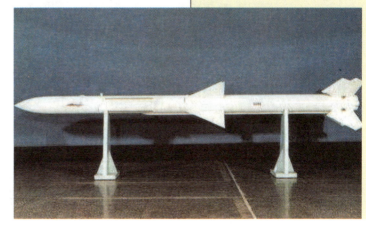

雷达导引头的技术基础上，开发一款适合我国空军使用的空空导弹。毕竟那年我国的弹用雷达导引头还未突破技术瓶颈，若等待国产导引头，技术步伐就会落后国外。

我国在得到这些武器系统的样品后，开始了技术攻关。攻关路线有两条，第一是将现有准备投入生产的"红旗"-61防空导弹运用国外这些技术，进行系统升级，使得它能应对新作战环境；第二便是在"阿斯派德"雷达导引头和AIM-7的技术上，全新研发一款空空导弹，新研发的空空导弹暂定名为"红旗"-64。

两个项目虽然是同时起步，但是命运却截然不同。"红旗"-64项目在上海航天局的努力下，在1992年就完成了研制工作。1994年，"红旗"-64以舰空导弹的身份，被巴基斯坦海军看中，其后以"海红旗"-64型防空导弹更换了英国21型护卫舰原GWS-24型"海猫"防空系统。

"海红旗"-64是陆基型"红旗"-64的衍生版本，是针对海上复杂的海洋杂波和腐蚀性进行了优化的产品。而与"海猫"型防空导弹相比，"海

英国出售给巴基斯坦的21型导弹护卫舰整体而言，在20世纪70年代实属同类舰艇当中的先进型号。但是在20世纪90年代末期，已逐渐落后。以"海猫"型防空导弹为例，其射程仅6.5千米，飞行速度也只有0.95马赫，对于低空或者高速目标，拦截能力形同虚设。

21型导弹护卫舰正在发射"海猫"型防空导弹

红旗"-64具有精度高（0.8左右的命中率），反应快（从发现目标到拦截不超过9秒），速度快（最大4Ma），射程远

（1km~18km），射高大（30m~12000m），抗干扰能力强等一系列优点。

巴基斯坦海军改装之后的21型护卫舰。可以看到，原本舰艇的"海猫"型防空导弹已拆除，舰艉主炮后换上了HQ-64型防空导弹

此外，陆基型的"红旗"-64防空导弹，也早已进入中国空军地面防空部队，作为中近程机动防空骨干而存在。经过多年发展，"红旗"-64已在空军防空力量当中站稳了脚跟。与此形成鲜明对比的是，"红旗"-61项目则显得相当疲惫。

由于"红旗"-61项目国产零部件比例增加，导弹的兼容性、质量把控等方面有所欠缺，在某次实弹打靶实验当中，"红旗"-61先后发射了3枚导弹，无一例外全部脱靶。这一结果的出现导致当时"红旗"-61一度濒临下马。为了保障国内军工业有良好的发展，国家领导人鼓励上海航天局机电二局迎难而上，争取将这款导弹研发成功。有了国家领导人的鼓励，研究人员加大了外军现有零部件的使用比例，不断摸索技术问题产生的原因并不断改进。

1989年，首批国产的"阿斯派德"空空导弹

研发成功，在同年的打靶实验当中，获得了5发4中的好成绩。这批空空导弹在我军内的编号，也改为"霹雳"-11。这批导弹是"霹雳"-11导弹的基本型，是一个开端。

2002年，上海航天局传来喜讯，国产雷达导引头已获得重大技术突破，该型导引头相比意产导引头，有着搜索精度高，抗干扰能力强，中级信号强等优势。也因该技术的突破，"霹雳"-11在后期进行了升级，在打靶时，取得了8发8中的佳绩。发展了8年多的"红旗"-61项目，总算实现了国产化。

不过，改进型的"霹雳"-11并不是"霹雳"-11最后的荣耀。为了提高战机的空中截击能力，607所研发出了一款主动雷达导引头，并且配备给了"霹雳"-11试用。实验版本"霹雳"-11当年暂定为"霹雳"-11丙。

"霹雳"-11丙最大的不同是导弹的末端引导体制，从半主动跳至主动。半主动雷达导引除了要接收中继信息外，末端也需要战机用火控雷达进行目标照射，时刻不停地为导弹指引。而主动雷达导引导弹除了需要接收中

歼-8II战斗机挂载"霹雳"-11基本型进行实弹模拟实验。基本型"霹雳"-11从一定程度上来说，可以理解为"红旗"-61的弹体与意大利产导引头的组合

继信息外，到了末端则无须战机用火控雷达照射。因为到了末端，导弹的弹载雷达会主动开机搜索目标并跟踪。

不过，这款导弹终究只是试验性质，并没有大批量地列装部队，但是它打下的技术基础还是值得肯定的。

名称："霹雳"-11（PL-11）

射程：42 km（国产型）/76 km（国产改进型）

弹径：0.208 m（弹体）/0.68 m（翼展）

最大速度：3.8 Ma（国产型）/4.2 Ma（国产改进型）

导引模式：中继惯性制导+末端半主动雷达导引

"霹雳"-12（PL-12）空空导弹

"霹雳"-12型空空导弹是继"霹雳"-11空空导弹后，我国发展的新一代中距空空导弹。与"霹雳"-11不同，"霹雳"-12空空导弹在我国空军和海军航空兵部队当中，装备量大，满意度高，受到了我国官兵的一致认可。由于性能好，可靠性佳，所以它也衍生了一款主要供于国外三代机使用的外贸版本，名

SD-10A是我国在自用"霹雳"-12的基础上改进而来，其性能水平相当于美国AIM-120-C5

为SD-10A。

"霹雳"-12最早的研发时间是在20世纪90年代中期,当时我国还在酝酿新型中距空空导弹(虽然后期从意大利引进了一些先进设备,但是自主设计的空空导弹方案仍在继续)。20世纪90年代末期,空空导弹研究所相关科研人员在获得了意产雷达导引头后,对其进行了技术摸底,主要是参考意产雷达导引头的设计,然后结合自己现有的技术条件,研发出一款新的雷达导引头。

按照初期的雷达导引头设计,"霹雳"-12初期的雷达导引头由位标器、发射机、角位置信息提取、速度跟踪、目标距离测量、计算机信息预处理、弹载计算机、数据链信息处理和二次电源等系统组成。由于采用的是主动雷达工作导引体制,所以它在末端攻击时,不用依赖载机平台进行火控照射,自己会结合导引头多个部件的协调工作,完成对目标的搜索、识别、跟踪、打击。

2004年,"霹雳"-12空空导弹正式接受打靶实验,在实验当中,取得了12发12中的优异成绩。同年,"霹雳"-12获得定型生产许可。该型弹也正好赶上了我国十号

歼-10A战斗机挂载"霹雳"-12进行作战演习

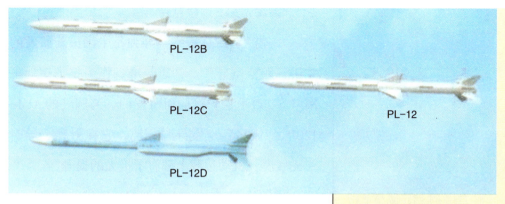

PL-12B

PL-12C

PL-12

PL-12D

机（即歼-10战斗机）的服役节点。

　　"霹雳"-12服役之初，战术指标也是中规中矩。在服役过程中，我国针对演习中暴露的多项问题，进行了逐步的升级改进。可以说，"霹雳"-12就是在"边用边改"的路上一步步走来的。目前，"霹雳"-12最新的改进型号为"霹雳"-12D，其技术水平基本与美国AIM-120-C5持平。

　　而作为"霹雳"-12的外贸型，SD-10除了继承了"霹雳"-12的"发射后不管"能力外，还将导引头的精度进一步提高。根据历次我国在航展上展出的SD-10的数据，SD-10对目标的分析误差，现已达到了0.8米的级别。此外，除了提供给战斗机使用外，我国还在SD-10A的基础上，衍生出了陆基中远程防空导弹。

　　名称："闪电"-10A（SD-10A）型空空导弹

　　导引模式：中继制导+末端主动雷达导引

　　射程：70 km

"霹雳"-12家族。该家族射程从53千米覆盖到了83千米，满足了我国在过去对超视距空战的任务需求

"霹雳"-15远程空空导弹

"霹雳"-15远程空空导弹是中国最新研发的先进远距空空导弹。初衷是准备作为打击超远距离（＞200千米）目标而研发的。与国外的AIM-120D、"流星"空空导弹相比，它在射程、导引头灵敏度、机动过载上都有了极大的提升。

"霹雳"-15空空导弹采用了先进的复合导引头，弹体中部设置了可以折叠的弹翼以保证远距弹体控制的需求。而对于导弹本身来说，其

挂载着"霹雳"-15（长）和"霹雳"-10（短）空空导弹的歼-10C战斗机

最大的改进就是导弹的动力系统。据中国空空导弹设计院专业人员的介绍，"霹雳"-15空空导弹采用的是脉冲动力系统，动力系统的控制质量都有了大幅度的提升。因为这套先进的动力系统，"霹雳"-15实现了大于200千米的射程。

名称："霹雳"-15（PL-15）

射程：＞200 km

速度：＞3.5 Ma

制导方式：数据链+惯性+末端复合制导

"天燕"-90空空导弹（TY-90）

"天燕"-90空空导弹是中国推出的"直升机专用"空空格斗导弹。与国外的直升机机载空空导弹相比，"天燕"-90显得更加专业，它解决了战斗机所使用的空空导弹在超低空（一般在30米以下）环境下，杂波干扰和地形不匹配等诸多使用难题。

在现今的直升机空战当中，双方所使用的空空导弹，普遍都是从战斗机所使用的格斗导弹临时改装而来的。它们在低空以上，有着良好的表现，但是在低空时，则会因为地面的环境（如热源）影响，而失去精确度。在中东战争时，以色列所使用的美制"AIM-9L"多次在低空格斗中，直接奔向了地面而错失了正在做机动规避的直升机。

"天燕"-90弹头

鉴于数场战争的启示，中国在2003年前后，便开始了对世界首款"直升机专用"格斗导弹的研发工作。其目的是打造一款世界先进水平的武器，弥补中国直升机在空重和性能方面与世界顶尖水平有差距而带来的战斗缺陷。

名称："天燕"-90直升机格斗空空导弹

射程：500 m～6000 m

速度：2 Ma

制导：多元制冷锑化铟红外导引头

作战高度：20 m～5000 m

4.2 开天辟地：共和国的空对面导弹武器

从"二战"到现代，空地武器的发展都始终保持着绝对的强劲。"二战"时期，最著名的空地打击武器，应该就是美国投掷在日本广岛和长崎的原子弹了。

广岛和长崎两次核打击，让日本失去了至少40万人的生命（包括核爆后的辐射疾病死亡），遮天蔽日的蘑菇云，放出强烈的辐射，这种辐射让许多日本人的基因遭受变异。

随着"二战"结束，"冷战"时代的来临，机载精确打击武器和制导炸弹的普及，世界各国开始将目光注视在"面杀"的武器系统上。所谓的面杀，就是指能够在短时间内，覆盖大片区域的武器。此外，苏军的大规模装甲集群，让西方国家的防守压力骤然增加。机载反坦克武器——反人员武器，可以说是"二战"空面武器的发展节奏。

在这些战争当中，出境率最高的，当属美军的AGM-

遭受核武器打击的日本（目前是全球唯一一个遭受大规模核打击的国家），虽然付出了巨大的伤亡，市民也因此遭受牵连。但是，作为一个"二战"侵略者，他们在亚洲其他国家进行的杀戮、破坏、掠夺，同样让其他国家的人民遭受劫难。震惊中外的"南京大屠杀"，我国30万手无寸铁的军民被屠杀（按照《日内瓦公约》，击杀投降战俘是反人道行为）。对于恶行累累的军国主义日本来说，广岛、长崎的核爆就是警钟，时刻提醒着他们不要再妄图挑起战争，也时刻警示着日本平民，不要怂恿日本政府和军方的对外军事侵略，对于日本政府和军方的对外军事侵略若表现出"顺从"，那就是助纣为虐。

日本遭受原子弹打击后的惨状

65"小牛"空地导弹了。"小牛"空地导弹是美军于1965年开始研发，1972年服役的。在两伊战争（伊朗和伊拉克之间的战争）、海湾战争、2003年的伊拉克战争中，都活跃着"小牛"导弹的踪迹。在这些战争当中，"小牛"导弹发射了4000多枚，击毙敌军3217人，击毁目标1325个。这是除了"地狱火"导弹之外，战绩最佳的空射战术导弹。

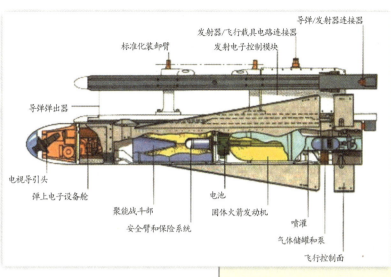

"小牛"导弹结构图

价格低、精度高、威力大，是"小牛"导弹走向世界的广告语。

鉴于历次作战的空面武器系统的使用，世界各国都在这一方向和领域各自展开了研发。目前，势头最强劲的是中、美、俄三个国家。我国在珠海航展上，先后展出了过百种型号的各式空面导弹，导弹的大小、威力和价格，都可以根据客户的需求来决定。总体而言，未来的战斗模式，将会向着小型

即将命中目标的"小牛"导弹

化、多用途化和高效化的方向发展。

"蓝箭"-7反坦克导弹

"蓝箭"-7反坦克导弹是我国研发的一款新型多平台反坦克导弹，除了陆地车辆可以挂载外，还可以配给直升机、无人机或者攻击机使用。当然，它也可用于打击敌方视距内的坚固地面目标，例如暗堡、防御工事等目标。

根据此前兵器工业203所的工作人员介绍，"蓝箭"-7主要用于出口，是我国针对第三世界国家的需求进行开拓的一个拳头产品。实际上，"二战"之后的多场战争，战场都是在第三世界国家。朝鲜战争、越南战争（美越、中越）、苏阿战争、格林纳达战争、海湾战争等都是在第三世界国家打响。而第三世界国家在面对敌方技术水平远高于己方时，一些精密仪器会骤然失效，例如GPS制导系统被美军切断、战场的电磁信号被干扰。

为了满足第三世界国家的使用需求，我国除了开发"蓝箭"-7反坦克导弹，还设计了一款名为"红箭"-8的单兵反坦克导弹。二者从表面上看，结构并不复杂，就像是从小作坊里生产出来似的，和外军著名的"标

"蓝箭"-7靶板。可以看出，这块1.8米的靶板除了末端数厘米未贯穿外，其他部位皆已穿透

枪"、"陶"、"地狱火"相比，"颜值"差距巨大。但是，"红箭"-8和"蓝箭"-7却有着其他三者所没有的优异性能。

根据展板数据显示，"蓝箭"-7反坦克导弹在破甲威力这项性能上，十分优秀。静破甲（目标静止）将近1800毫米，动破甲（移动目标）也有着1400毫米的威力。如此惊人的破甲威力，足以击穿现役所有的主战坦克，包括我军最先进的99A（物理厚度最大的防护区达到了1100毫米，不过仅占全防护区域的三成）和美军现役最先进的M1A2SEP（Ⅴ）3。

空地-88（KD-88）空地导弹

越南战争时期，美国航空兵在对越南的地面目标进行打击时，都是以铁炸弹（自由落体钢铁炸弹）为主。这种战术打击方式，让美军承受了诸多不必要的损失。美国航空兵总是需要将战机飞到作战目标的空域上空投弹。这时候，战机虽然能够杀伤地面的敌军单位，但是自身往往也会遭受地面防空单位高射炮和防空导弹的威胁。有鉴于此，发展远程对地导弹就成了各国航空兵最迫切的需求。以A-6攻击机为例，当它投掷一枚千磅级别的集束炸弹时，还需要花上

人们对飞机投弹的印象是如图这样的，但这种情况都是在环境良好，空气速度良好，炸弹经过修型等各种有利因素作用下才能做到的

一架俄式战斗轰炸机投弹的惊险画面。注意左数第二枚航弹,其头部碰上了机体。所幸的是航弹并未爆炸,否则必然会击落这架投弹战斗轰炸机

后续的画面则更加惊险,两枚航弹在空中发生了"碰撞"。其实这种画面在"二战"当中是常事,曾经有多架B-29轰炸机因此遇难

3秒的时间激活引信解除保险装置。这种慢速炸弹在投掷时,会因空气阻力而改变航向,一般都是往飞机机尾方向滑落。

除了航弹事故之外,A-6攻击机在执行打击任务时,以时速800千米~900千米的速度在高度60米~70米(没错,就是在这个低空进行作战。目的就是保证投弹的精度和杀伤)的空间上进行作战。这个空间概念该如何理解呢?简单说,就是在越南防空网的(高射机枪、高射炮、防空导弹)上空,进行危险程度极高的对地打击任务。这一战术的直接结果就是战果低(飞行员在对地面防空火力打击时,会本能地做出规避机动)、损失高(对空火力密度大,战机被击落)。

因为这种原因,美军提出了远程精确打击作战概念。所谓的远程精确打击概念,就是在敌方的火力防空网络之外,投送精确制导武器。在这一时期,美军用新型的"小斗犬"导弹来应对OCA(进攻性防空作战)作战任务。后来,远程

精确打击作战概念在实战上进一步发展，又产生了"防区外作战"的概念形态。

防区外作战，指的是我方载机平台在敌方防空系统的防区之外，打击敌方。这种作战方式在20世纪80年代后变为了可能，也愈发地成熟。我国对这种武器的概念认识和论证时间，可以追溯到20世纪60年代。那时我国空军在组织战役联合演习时，轰炸机部队经常在执行轰炸任务时，被地面的防空部队发现并模拟击落。

演习中暴露的问题，直接刺痛了我国空军高层的心。但是奈何我国当年基础薄弱，难以研发先进的远程空射对地导弹，所以有关防区外打击武器的发展，一直处于论证和战术理论阶段。

20世纪80年代，我国在"鹰击"-6的项目上，开拓思路，研发了一款代号为"鹰击"-63的空地导弹。但是该弹质量大，只能由轰-6轰炸机携带，且射程不足，仅80千米~100千米。轰-6自身的雷达反射面积就很大，"鹰击"-63的反射面积也很高，两个高反射值的飞行器在敌军的远程防空系统面前，犹如靶子。

这些问题的出现，促进了空地-88（KD-88）的成长。因为"鹰击"-63打下的良好基础，所以KD-88在设计当中，避开了许多"鹰击"-63所遇到的问题（主要是制导系统，当时我国尚无类似产品和经验，所以选择了成熟的技术产品），也运用了诸多"鹰击"-83现有的成熟技术，所以KD-88仅用了数年时间就完成了导弹的设计、研发、靶试和生产。

KD-88的服役，是真正意义上的填补了我国空军防区外打击能力的空白，也是我国战机在超视距打击能力建设上的一个里程碑。虽然现在它已经日渐衰弱，与我国众多的空面武器新秀相比远远落后，但是，作为一代明星级武器，它的诞生仍是一个传奇。

"鹰击"-63的出现,仅仅是解决了"有无"的问题,而对于"好不好"的问题,则是留到了日后解决

名　称：空地－88（KD－88）

射程：200 km

速度：0.95 Ma

战斗部：200 kg烈性炸药

制导模式：双向数据链＋地形匹配＋惯性指令制导＋末端电视制导（也可换为红外成像制导或者雷达制导）

弹长：5.613 m

弹径：0.36m（弹身）/1.22 m（翼展）

弹重：650 kg

动力系统:涡喷发动机

载机："飞豹"战斗轰炸机、轰－6轰炸机、歼－11B战斗机、歼－10A战斗机

军事演习当中,一枚由"飞豹"战斗轰炸机投下的KD-88准确地击中了超视距外的目标。200千克烈性炸药激起的冲击波足以将半径150米的所有有生力量摧毁

"飞腾"（FT）系列卫星制导炸弹

卫星制导炸弹相对于电视制导、红外制导炸弹来说，有着全天候作战的巨大优势，不受自然条件干扰。而我国对卫星制导炸弹的研发，最早可追溯至20世纪80年代。那时我国受美系GPS制导炸弹所吸引，也开始了初始概念的论证。美国的GPS卫星系统在当时处于国际领先地位，无论是在精度、多用途领域还是覆盖区域，都是国际

上的领导者。

GPS卫星网络作为美国制约其他国家的手段之一，若我国与美国交恶，必然会被美国切断GPS网络。就如台海危机，美国不顾道义，不顾形象，公然插手我国的台湾事务，切断我军卫星网络，导致我国军队的GPS系统出现了较大误差而无法正常使用。

也因为台海危机所暴露出的问题和巨大的技术代差，刺痛了我国科研人员。自此，"发展我国的天基卫星体系，强化我军战斗能力，科学建设我军兵种"，成了当时最响彻的口号！

2000年10月31日，首颗"北斗"卫星"北斗"一号发射升空。自此，我国自己的卫星定位体系和配套的支援体系开始建设。它的出现，填补了我国定位系统的空白，也为我国发展卫星制导武器提供了基础。

得益于"北斗"卫星的建设，"飞腾"系列导弹在设计时，就融合了该卫星的使用功能。由于"飞腾"系列是我国针对国外用户开发的武器，所以导引头除了可以安装"北斗"卫星通信元器件外，还可以安装GPS通信元器件。

而经过多年来的发展，"飞腾"系列现今包含了众多的衍生型号。这些型号主要有：500千克级卫星制导的FT-1、500千克级卫星制导滑翔的FT-2、250千克级卫星制导的FT-3、250千克级卫星/激光制导的FT-3A改

FT-4型滑翔制导炸弹。尾部的飞翼是根据前型号的弹体,加装了一部滑翔组件而成。滑翔制导炸弹除继承了原版的威力之外,还增加了射程,提高了精度

拆除了滑翔组件的FT-5。可以看到其背部有两个"方框"，那是用于安装滑翔组件的基座

"枭龙"（巴基斯坦称之为JF-17"雷电"战机）战斗机各挂点载荷一览。可以看到，FT系列可以满足"枭龙"的250千克挂点、500千克挂点和1000千克挂点的使用需求

进型、250千克级卫星制导滑翔的FT-4、100千克卫星制导的FT-5、500磅的卫星制导滑翔的FT-6、500磅的卫星/激光制导的FT-6A、130千克级卫星制导滑翔的FT-7、50千克级卫星制导的FT-9、25千克级卫星制导的FT-10。除了上述外，还有正在发展当中的FT-12，预计将会是一款新型的火箭助推滑翔制导炸弹。

之所以衍生出如此多的型号，主要是为了满足不同机型在不同的安装挂架下的使用需求。

名称："飞腾"（FT）系列制导炸弹

射程：30 km～50 km

重量：25 kg～1000 kg

导引模式：以卫星制导为主，部分装有激光制导系统。

配备战机：轰炸机、无人机、直升机、战斗机等多个机种。

CM-506KG小直径联合制导炸弹

CM-506KG小直径联合制导炸弹是我国在

2012年珠海航展上展出的一款迷你型精确制导炸弹。这款炸弹最大的优点是体积小，质量轻，可以多枚导弹组装在一个挂架上。

我国推出小直径联合制导炸弹，也是为了满足空军和海军航空兵前线支援作战的任务需求。通常单机就可以携带8枚CM-506KG型小直径联合制导炸弹打击8个目标。由于体积小，重量轻，制导模式先进，具备滑翔助推能力，所以CM-506KG作战距离远，在130千米外就可以发射并命中目标，其误差一般保持在3米之内。

如此远的打击距离，其制导精度也必然要经受考验。据悉，CM-506KG采用了惯性修正指令+卫星制导的复合导引方式。弹体内还设有激光陀螺仪，用于校准弹体飞行姿态以及导航。

根据目前已披露的消息，CM-506KG除了外贸之外，还将衍生出我国自用的型号。其日后主要使用平台除了歼-20以及隐身轰炸机

携带着GBU-39的F-15E战斗机。GBU-39也属于小直径联合制导炸弹的范畴，一般由两枚GBU-39通关串联挂架挂载

CM-506KG在滑翔时，弹翼会张开，其弹体尾翼中间还有一台固体火箭助推装置。靠着高飞行弹道，强劲的推进系统，CM-506KG的打击距离达到了惊人的130千米

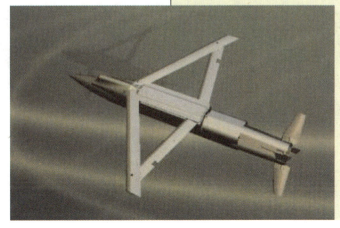

外，还将配备给我国的三代机部队，例如歼-16型多用途战机和歼-10B多用途战机。

名称：CM-506KG小直径联合制导炸弹

导引方式：惯性制导+卫星制导（也可换装为红外+激光半主动制导、红外成像制导、电视制导、红外制导+毫米波）

射程：130 km

速度：0.85 Ma（巡航）/1.3 Ma（末端攻顶）

配备战机：无人机、战斗机、轰炸机等

"雷石"-6制导滑翔导弹

"雷石"系列制导炸弹是"飞腾"系列制导炸弹在国际同类型武器当中竞争的强敌。而与"飞腾"系列不同的是，"雷石"-6系列目前仅四种子型号。各个子型号也以质量分类，四种型号分别是50千克、100千克、250千克、500千克。

"雷石"-6的工作过程是：当载机搜索到地面目标时，投射"雷石"-6；在与载机分离后，"雷石"-6的弹翼会展开，并且开始了滑翔搜索目标的工作。在飞行时，它也可以接收来自其他平台的修正指令，更新目标的数据。

而在制导系统方面，"雷石"-6也采用了较先进的制导系统。在控制设计上，前后加装

在珠海航展中集体亮相的"雷石"-6系列制导炸弹。这几款明星武器目前已被国内外的军队采用，巴基斯坦空军装备的"枭龙"战机就购买了一批"雷石"-6用于执行对地支援任务

了4片具有控制炸弹飞行姿态的弹翼，通过它能实现转向。前段的激光制导导引头，其激光制导的工作原理是飞机（也可以是地面目标）通过激光束照射目标，然后激光导引头就会奔向激光束的落地点。虽然这种方式会有许多风险，例如载机平台要持续照射目标，而且对天气、环境有相当高的要求。但是，作为一种高精度的武器系统，这些风险都不足以威胁到激光制导武器的发展。

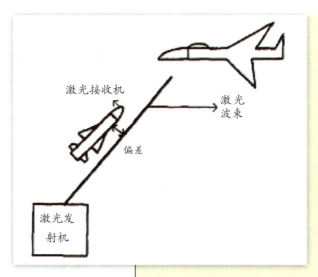

激光制导原理图（激光架束）

采用激光寻的技术体制的"雷石"-6，获得了射程上的巨大提升，也提高了突防概率（不会轻易被敌方防空系统拦截），是一款相对目前国际市场而言，比较先进的一款产品。伴随着"雷石"-6的展出，其载机平台也引来了关注。根据此前展方披露的消息，"雷石"-6兼容性佳，对于各平台的依赖较小，即使是无人机也可以挂载。所以，作为一款外销为主的精确打击武器，它可以兼容国外的各型战机和体系。

名称："雷石"-6（LS-6）
射程：30 km~65 km（根据飞行剖面而言）
导引模式：激光寻的制导
载机平台：无人机、战斗机、轰炸机等

激光制导有两种方式，一种是激光架束，飞机会向地面射出一道光束，炸弹就沿着该光束飞行直至击中目标。另一种是激光寻的，飞机先向目标发射光束，炸弹通过制导部的光学系统接收激光信号，然后自己打击目标。"雷石"-6属于激光寻的。

CM-400AKG空射反舰导弹

CM-400AKG导弹是我国用于出口的一款空射反舰导弹。与常规的"巡航式"反舰导弹相比，CM-400AKG导弹采用的是"弹道"式原理。所谓弹道式，即弹道更接近弹道导弹。据悉，CM-400AKG具备再入大气层能力，其最大工作高度达到了惊人的75000米，而标准-II BLOCK IV的射高是24000米，S-400导弹系统的40N6防空导弹射高是30000米左右。可以看出，CM-400AKG的弹道高度远高于多数现役防空系统的射高。

根据此前的展板信息，该型导弹已配备给了"枭龙"战机使用。"枭龙"战机在携带该弹发射后，即可返航，其后的信息搜索、目标识别与跟踪，导弹自身就能完成。在接近目标后，CM-400AKG就会俯冲，以近乎"垂直"的角度攻顶打击目标。其速度最快可达6马赫左右（4马赫是巡航速度）。

CM-400AKG的动力系统由一台固体火箭冲压发动机组成，弹体尾部还有控制转向的控制系统。弹头部位，又携带了复合导引头，导引头由GPS/"北斗"卫星制导系统、弹载平板缝隙雷达、红外导引系统和成像系统组成。在这5.2米

珠海航展展出的CM-400AKG型空舰导弹（也可以用作对地打击）

长的弹体上，集成了如此多的系统，也从侧面印证了我国电子器件小型化技术的进步。

在战斗部部位，CM-400AKG可选择携带150千克的爆破弹头或者200千克的穿甲爆破弹头。如果加上导弹末端的速度（速度高动能也越大），CM-400AKG可以重创甚至直接击沉数万吨级别的大型舰艇（巡洋舰、两栖攻击舰、航空母舰之类的目标）。考虑到巴基斯坦的宿敌印度有着庞大的海上力量，所以CM-400AKG对于巴基斯坦来说，无疑是一个"杀手锏"武器。

名称：CM-400AKG
弹长：5.2 m
弹径：0.4 m
弹重：900 kg
射程：240 km（也可增加射程）
战斗部装药：100 kg爆破弹头/200 kg穿甲爆破弹头
速度：4 Ma（巡航）/6 Ma（末端）
载机平台："枭龙"战斗机

GB-6防区外子弹药布撒器

防区外子弹药布撒器是一种在敌方防空区之外投射的子弹药布撒器。子弹药布撒器指的是将众多的小型炸弹，集成至一个母体内，到达战区空域后，子弹药弹出

子弹药布撒器正在轰炸跑道

GB-6型防区外子弹
药布撒器

一般而言,如果子弹药布撒器的投弹高度高,那么其撒布范围也会更大。如果用这类武器轰炸敌方防御阵地,那么即使是久经战场的老兵,也会在心理上丧失作战信心。

母体,落地爆炸杀伤敌军。这种作战方式的好处在于我方战机不进入敌方的作战空域,便可以轰炸一片区域。

我国在子弹药布撒器的发展上,起步晚,但是收效高。GB-6就是我国子弹药布撒器的代表作。该型号的武器目前除了用作外贸外,我国空军也装备有其他型号。

名称:GB-6(火箭增程版本为"GB-6A")

射程:120 km/180 km(GB-6A)

战斗部/子弹药:子母弹、温压弹、反跑道战斗部、多战斗部弹药、温压战斗部

"云雷"-3型燃料空气弹

燃料空气弹有多种名称,比如温压弹、云爆弹、气浪弹、窒息弹……不管什么名称,都改变不了这种炸弹带来的恐怖。事实上,这种型号的炸弹在国际社会上,曾一度被禁止或者限制使用,也遭受到了国际舆论的谴责。那么,这到底是一种什么样的武器呢?

燃料空气弹,弹体内装填了大量的易燃或可燃的化学物质(例如环氧乙烷、环氧丙烷等)。炸弹由引信引爆,全部设备都置于一个炸弹内。发射方式包括了空射、车辆发射、单兵发射和舰艇发射。

一栋被温压弹炸毁的房屋。如果该房屋内有人，那么屋内的人会被活活烧死

"云雷"-3在燃料空气弹行列中，属于中等级别的武器。炸弹由母弹和子弹药组成，每个"云雷"-3型炸弹有两个子弹药，可对敌方的重点防护区域进行精确打击。

名称："云雷"-3（YL-3）

质量：250 kg

杀伤半径：110 m~150 m

C-701空射反舰导弹

C-701是配备给直升机使用的轻型空射反舰导弹。之所以研发一款用于直升机的反舰导弹，主要是直升机的翼载荷和自重控制（载荷越轻，航程也就越高）不允许直升机携带重型反舰导弹。在轻型反舰导弹概念还未提出时，美国海岸警卫队和其他国家都是将机载对地打击导弹改装一下导引头，以能够适应海上杂波对对地导弹的影响。

20世纪70年代，导弹的小型化和轻量化技术得到了发展，直升机技术也取得一定的突破。关于直升机机载反舰导弹的概念，也从此时开始提出，如英国在这一时期提出了"海上大鸥"轻型反舰导弹的发展计划。

"海上大鸥"反舰导弹的特点是重量轻（150kg），射程近（15km），命中率高（全程半主动引导）。在英阿马岛战争中，英国出动多架次"山猫"直升机，用于袭扰、打击阿根廷海军的海上航线。这一期间，"山猫"直升机先后发射了8枚"海上大鸥"反舰导弹，导弹全部命中阿根廷的海上目标，击沉两艘舰艇（一艘巡洋舰和一艘驱逐舰），重创了一艘海面浮航状态的潜艇。

"山猫"直升机携带"海上大鸥"反舰导弹。由于技术进步，导弹的挂载数量从2枚升到4枚，又从4枚升到了8枚

现在，"海上大鸥"已经成了英国和法国等多国海岸警卫队和海军的常用对海打击武器。它的成功，从不同程度影响了其他国家导弹工业的发展。

"海上大鸥"的成功，也让我国萌生了发展轻型反舰导弹的想法。除了外贸之外，我国舰载的直-9系列直升机一直缺乏有效的对海打击武器而饱受诟病。为了完善我军近海巡逻部队的使用需求，也为了满足市场贸易的需求，我国先后研制了TL-10和C-701等一系列的轻型反舰导弹。

C-701是我国某进出口公司推出的一款机载反舰导弹（也可舰射或者车载）。该型弹有前后四片弹翼，由于重量轻，所以既可以满足直升机的使用需求，也可满足无人机的使用需求。

根据该公司的数据，C-701采用双室双推固体火箭发动机作为动力，以自控和电视制导为辅助指令的主要导引方式，战斗部也采用了半穿甲型战斗部（也可换成爆破战斗部）。此外，为了满足部分国家的使用需求，该公司还研制了红外成像导引头和毫米波导引头。模块化的导引头带来的是高精度的优点，据悉，C-701的命中率在数字模拟当中，达到了惊人的98%，也就是说100枚C-701，仅2枚脱靶。

C-701型反舰导弹展品

由于体积小，重量轻，所以C-701在战斗部装药方面则显得有些不足。不过由于其定位是打击1000吨以下、不具备较强防空能力的舰艇，安装高性能导引头也只是为了搜索、识别海上反射面积很小的小艇，所以战斗部的杀伤力还是足够的。

名称：C-701

弹重：100 kg

速度：0.8 Ma

射程：15 km

导引方式：电视制导、红外成像制导、毫米波制导

动力系统：双室双推固体火箭发动机

C-705反舰导弹

C-705型反舰导弹是我国于2010年珠海航展上所展出，主要用于出口的一款超声速反舰导弹。该型导弹同样有着体积小、重量轻、平台通用性佳的优点。

印尼海军装备的"范·斯派克"级导弹巡逻舰。该舰也有计划换装中国新型反舰导弹

从展出的C-705反舰导弹，可以看到尾部有火箭助推发动机

与我国其他出口的反舰导弹相比，C-705可谓是国际市场的明星。自出口到印度尼西亚海军使用以来，围绕着C-705性能的争论就从未停止过。这主要是因为印度尼西亚海军自产的C-705型反舰导弹，在实弹打靶当中全部脱靶（2发）。

100%的脱靶率让印尼海军感受到了相当大的震撼，要知道此前中国技术员在实弹打靶中，命中率100%（弹为我国自产）。而印尼海军用印尼制造的

C-705，却没有取得那样的佳绩。

之后，经过中方技术人员的排查，发现导弹脱靶完全是由印尼海军操作不当引起的。

试射 C-705 反舰导弹的
印尼海军 KCR-40 级导弹艇

根据报告结果，印尼海军水兵在雷达还未搜索到目标的情况下，就发射了 C-705 反舰导弹去打击靶舰。诚然，采用了捷联式惯性导航系统加雷达导引的 C-705 虽然精度很高，但是印尼海军水兵在还未给导弹装订诸元的情况下，在苍茫大海上"盲射"反舰导弹，那就算是再先进的导弹，也会脱靶。

名称：C-705 型反舰导弹

导引头：捷联式惯性导航系统+雷达导引（也可换为电视制导和红外导引头）

动力系统：火箭助推发动机+涡喷发动机

速度：1.3 Ma

装药：130 kg 的高能炸药

射程：140 km（高—低—低弹道可达到 180 km）

搭载平台：车辆、战机、舰艇

"鹰击"-100 空射反舰巡航导弹

"鹰击"-100 型反舰巡航导弹是我国反舰导弹发展史上的一个重大进步，它与"鹰击"-12、"鹰击"-18 一起，构成了我国反舰体系的三大王牌。

"鹰击"-12 是一款舰载/机载发射的反舰导弹，

阅兵式上受阅的"鹰击"-12

目前已在多数驱逐舰、护卫舰和战斗机上使用。该型弹射程500千米~600千米，装药量大，速度快，是我海军航空兵杀敌的锐器。

"鹰击"-12采用超燃冲压发动机为主要的推进来源，导引头搭载了复合制导系统（激光照射、主/被动雷达等），战斗部装药400千克左右。先进的动力系统赋予了"鹰击"-12高机动的优点。据悉，"鹰击"-12在末端会做出超大过载的变轨机动，距离目标2千米~3千米后，便会径直穿过打击对方，此时速度达到了4马赫~6马赫。

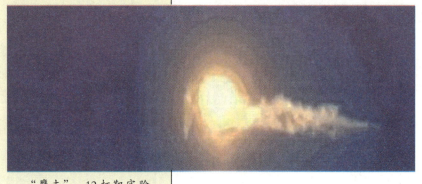

"鹰击"-12打靶实验图。左边白色条状物为靶船，中间火光为战斗部爆炸后的冲击波，右边长烟及最右的白色物体为弹体碎片。依照该照片推测，导弹在击中目标后仍有相当大的动能，径直贯穿靶船后碎片仍在飞行，可见威力之大

"鹰击"-18是准备装备给我国海军主力舰艇以及陆基反舰部队所使用的。和"鹰击"-12定位不同（"鹰击"-12在海军主要是给不具备垂直发射反舰导弹的舰艇和舰载机使用），"鹰击"-18是舰艇编队（例如航母打击大队）单舰火力投射的

延伸。以往，"鹰击"-83的打击距离是180千米，"鹰击"-62的打击距离是280千米，而"鹰击"-18进一步延伸至400千米外。

"鹰击"-18以垂直发射方式为主，动力形式也为独特的"亚超结合"。所谓亚超结合，指的是亚声速与超声速结合，巡航时其速度为亚声速，到了末端突防时，导弹加速，达到了超声速。这种动力形式既保留了亚声速导弹射程远的优点，又融合了超声速导弹速度快的优势。

根据资料解析，"鹰击"-18射程达到了400千米~600千米，速度为0.75马赫(巡航)~6马赫(末端突防)。动力系统为固体火箭发动机加涡喷发动机，制导系统为复合制导(卫星数据链+自动/半自动寻的+毫米波导引头)。

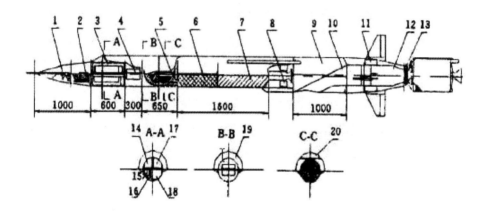

1.天线组合 2.末制导雷达 3.设备舱 4.电池组 5.战斗部 6.端面燃烧燃料 7.星孔燃烧燃料 8.舵机 9.后油箱 10.进气道 11.舵机 12.发动机 13.分离机构 14.二次电源 15.高度表 16.卫星信号接收机 17.惯性测量组合 18.制导计算机 19.前油箱 20.二级电气

"鹰击"-18结构剖图

"鹰击"-100与以上两款导弹相比，虽然有着诸多劣势，但是在远程打击上，则有着"鹰击"-12、"鹰击"-18都比不了的射程优势。

据悉，"鹰击"-100是在我国"长剑"-10巡航导弹的基础上改进而来，专配我军轰炸机部队使用（歼-16多用途战斗机应该也具备挂载能力）。它的出现，意味着我国的情报支援体系已上升到了一个新的台阶，

轰-6轰炸机携带"鹰击"-100导弹

已经能够满足远程精确打击武器的使用需求。

在过去，导弹的性能，由自身的技术水平所决定。这里的技术水平指的不是导弹的发动机能把导弹送到多远的距离，而是自身的情报支援体系能不能覆盖到所需的位置。我国多年的情报支援体系建设和发展，使我国现今的情报支援体系已经覆盖了关岛区域（印度洋北部大片海域亦在此区域内）。而与情报支援体系相符的武器系统，也提上了发展日程。

1996年，我国在东南沿海举行大规模的军事演习，但是演习过程中却遭到了某超级大国的强行干扰。当时，我国军事实力不足，应对的手段不多，使得我国这次演习以失败而告终。因为认识到了这方面的不足，尤其是远程打击武器和搜索体系的欠缺。在当时国家领导人江泽民主席的号召下，我国提出了"科技强国，科学强军"的发展道路。"鹰击"-18、"鹰击"-12、"鹰击"-100、"长剑"系列巡航导弹、"东风"-21D等一系列瞄准潜在假想国海军的武器，都以"撒手锏"著称。为了满足这些"撒手锏"的使用需求，我国建设了天基卫星体系，空基侦察-搜索体系，陆基打击、指挥体系，海基搜索-打击体系。

作为"撒手锏"系列武器之一，"长剑"系列（"海军型"又名"东

威名响彻华夏的"东风"–21D反舰弹道导弹是在"军队要忍耐"的情况下研发出来的。为了保障其作战使用需求,我国发展了用于搜索航母打击大队的卫星系统和空基搜索系统

海")在最初的发展本是想先以海基使用,但是由于配套的情报支援体系还未建设完成,所以便首先推出了陆基版的"长剑"。"长剑"系列武器普遍的特点是射程较远,在"鹰击"系列反舰武器之上,又在中远程"东风"系列弹道导弹之下。之所以出现这样的现象,是因为我国要建设多区域饱和式的覆盖打击。现今,从视距内的10余千米,再到视距外的6000千米,都在我国各个反舰武器的射程覆盖内。多区域的射程覆盖,避免了"仓促"而带来的技术遗留。一般射程在300千米级别的导弹用于打击距离数千米的目标,会造成导引不畅(武器都是有针对性的,射程远的武器针对的都是大型目标,遇到海上小目标会因海上杂波造成脱靶),效费比低(先进武器造价往往在上百万美金,如果目标的价值太低,则会浪费)。所以,系统化、尖端化的发展就成了趋势。

"鹰击"–100就是该背景下的产物。相比过渡的"鹰击"–62,"鹰击"–100可以在陆基航空兵和海基航空兵对远程敌人先进行一波火力打击,掩护"鹰击"–18和"鹰击"–12等武器突防(单艘舰艇同时交战的数量是有限的,廉价的"鹰击"–100战斗部装药和动能都不如"鹰击"–18和"鹰击"–12,所以可以作为消耗品,消耗对方在一定时间内的交战数量)。

但是，这并不意味着"鹰击"-100在我国境地尴尬。相反，在舰队陆攻作战任务上，射程近千千米的"鹰击"-100可以对敌国的纵深进行超视距打击，这就类似于"战斧"巡航导弹。具备地形匹配和复合制导的"鹰击"-100在打击精度和装药量上，都在"战斧"巡航导弹之上，对敌目标的毁伤程度也在"战斧"巡航导弹之上。所以，作为我国对舰打击"三剑客"，它还是有着非凡的地位。

名称："鹰击"-12　　"鹰击"-18　　"鹰击"-100

射程：500 km~600 km　　400 km~600 km　　900 km~1000 km

速度：4 Ma（巡航）~ 6 Ma（末端）0.75 Ma（巡航）~ 6 Ma（末端）0.85 Ma

制导模式：皆为复合制导

平台：空/舰（倾斜发射架）陆/舰（垂直发射）空射

战斗部装药：400 kg以上　300 kg　最大500 kg

"鹰击"-91反辐射导弹

反辐射导弹是专门针对信号辐射值大的目标进行打击的导弹，这种概念就像是我们熟知的"擒贼先擒王"。在一个作战体系当中（以空基为例），编成主要有预警机、战斗机、电子机（有专门的电子攻击机或者伴随电子战飞机）、攻击机。会视情况和规模编入战场指挥机和加油机等特种机。这些飞机当中，预警机是编队的眼睛和大脑，整机装满了各种频段的电子信号（搜索、通信、导航、敌我识别等），这类的目标往往是价值最大，信号辐射最强的。

常规的空空导弹虽然也具备打击预警机的能力，但是在甄别打击目标上则不如反辐射导弹。反辐射导弹在搜索目标时，会以辐射源最大的机种为目标，随后进行打击。在击中之后，它还会产生一种类似于"电磁脉冲"武器的冲击波，致使目标周边广阔区域的电子设备无法正常使用。这也意味着，一枚反辐射导弹能让对方的多数装备陷入瘫痪，成为我方的靶子。

我国对这类的武器，也有着深入的研究。最初，我国从俄罗斯进口了一批KH-31P型反辐射导弹，在苏-30MKK多用途战斗机上使用。在各项演习中，都获得了良好的作战表现。随后，在俄罗斯技术人员的协助下，我国开始了KH-31P反辐射导弹的仿制研发工作。初步命名为"鹰击"-91反辐射导弹。

"鹰击"-91反辐射导弹虽然是在KH-31P的基础上仿制而来，但并非照抄原版，而是加入了许多我国当时领先的技术。例如导引头元器件，弹载的供电设备和中继通信系统，这都是与原版相差巨大的地方。

我国在消化KH-

KH-31P开启了我国对反辐射导弹领域摸索的新纪元

我国仿制的"鹰击"-91反辐射导弹

俯瞰"鹰击"-12，可以看到其轮廓和KH-31P高度相似

31P的技术后，在后续的"鹰击"-12反舰导弹的开发当中，也充分融合了KH-31P成熟的技术，这也就造成了"鹰击"-12与KH-31P外形相似。

不同的子系统，换来的是更高的战斗力。据悉，KH-31P最大射程是110千米，最小射程是15千米，最高速度为3.1马赫。而我国改进而来的"鹰击"-91，最大射程160千米，最小射程6千米，最高速度3.5马赫。即使是在导引部方面，我国也使用了更先进的模块化的复合导引，相对于KH-31P单一的末端被动雷达导引，显然要先进得多。

名称："鹰击"-91

射程：6 km ~ 160 km

速度：3.5 Ma

导引部：复合导引

4.3 阿瑞斯的怒吼：现阶段我国空军的作战能力一览

我国空军自新中国成立后，就作为一支主要战力组成而存在。从过去的"空、潜、快"，再到现在的洲际打击、远程奔袭，空军走过了风风雨雨近70年。

到2017年，我国空军主力作战机型有：歼-20战斗机、歼-10A/B和B的改进型、歼-11A/B、歼轰-7A/B战斗轰炸机、轰-6轰炸机、苏-30MKK/MKII多用途战斗机、歼-16多用途战斗机等。新型的歼-11B改进型（即歼-11D）正在试验。海军也有着先进的歼-15多用途舰载战斗机。

这些战斗机搭配着多样化的武器，执行着各种形式的任务模式，下面节选若干战例，以证战力。

反航母作战是我国空军自1982年起，就在摸索的战术战法。由于那时我国空军主力机型仍为歼-6和歼-7，比歼-6、歼-7先进的歼-8产量那时并不大。因此，当时我国的国土防御在美军的眼里，相当于"不设防"的防线。这种尴尬的境地是我国领导层不愿看到的。

1996年台海危机，美国两个航母打击大队组成的混编双航母打击群在我国台海海域，公然干涉我国的内政，叫嚣支持"台独"。美国这一行径引起国际舆论的哗然和我国民众的不满，引发群众自发的抗议和游行。

在这种背景下，我国军方先后组织了多场大型军演，旨在回应对岸。在数场对台大型军演当中，空军除了出动了苏制苏-27SK型战斗机外，还曝光了一款大型的"无人机"。这种无人机由歼-6战斗机改进而来，内置了高能炸药，作用是用动能加炸药，撞击目标（例如航母）。

歼-6无人机于20世纪60年代量产，图为验证机试飞。可以看到座舱已没有了飞行员，取而代之的是遥控设备

歼-6无人攻击机除了可以攻击外，也可以担任"侦察"和"监视"的作战任务。由于开发年代早，产量极高，达数千架。按照军方的夺岛计划，歼-6无人攻击机将配合海军登陆部队和空军有人载机一同执行夺岛作战。大致的作战流程就是：

1.海军登陆部队在舰艇的掩护下，强行突击岛屿并实施登陆作战。期间，空军的苏-27SK战斗机和轰-6轰炸机等部队会对空中进行掩护作战和对陆支援作战。歼-6无人攻击机改装的侦察机会对广袤的海域进行低空侦察，旨在寻找介入作战敌对国航母的位置所在。

2.登陆部队在作战时，势必会遭到守军的强烈抵抗。为了支援登陆部队，海军舰艇群会在登陆群中实施火炮跨射支援。也就是说驱护舰艇会在行进当中，用大口径的舰炮轰炸守军。空军的轰炸机也会在苏-27SK战斗机的掩护下，轰炸守军机场、雷达站和舰艇设施。陆基弹道导弹则是在必要时，参与对守军的精确打击。

然而，计划终究是计划。对于我国来说，威胁最大的仍然是那支双航母战斗群。一般情况下，双航母战斗群由两艘航空母舰组成，护航舰艇由2~4艘巡洋舰（"提康德罗加"级导弹巡洋舰）、3~4艘防空驱逐舰（"阿利伯克"级导弹驱逐舰）、2~3艘通用驱逐舰（"斯普鲁恩斯"级通用驱逐舰）、2~3艘核动力攻击潜艇（"洛杉矶"级核动力攻击型潜艇）、2~3艘补给舰组成。此外，编队内还会视情况添入护卫舰和电子舰。航母战斗群当中最有力的武器，便是舰载机。其中，F-14A型战斗机28架、F/A-18C战斗攻击机72架、E/A-6B电子攻击机8架、E-2C预警机8架、ES-3A电子战飞机4架、S-3B反潜巡逻机16架（皆为20世纪90年代数据）。

说到这里，就可以概括航母打击大队的行动特色了。按照作战任务划分，可分为：

1.空中遮断

空中遮断任务指的是将敌方的前线与后方的联系进行切断。朝鲜战争时期，美国空军就派出战斗机，对志愿军的交通进行轰炸，阻断志愿军后方的弹药和粮食药品的补给，在战区内孤立我志愿军。通常，战斗机在执行该任务时，都会携带大量的对地弹药。

2. 近距离空中支援

此任务通常由攻击机担任，通过携带大量的航炮、精确制导炸弹、火箭弹等武器，打击前线的敌军。越南战争时期，美军的A-10攻击机和AC-130"空中炮艇"就经常对越南军队进行近距离的打击（距离甚至近到了目视）。

3. 阻断

阻断和空中遮断类似，但是阻断是直接阻断一定作战区域内，敌方的任何形式的支援。这类的任务通常由多种机型共同完成，所携带的弹药种类也更为庞大，一般是反辐射导弹、精确制导武器和火箭弹。

4. 进攻性防空作战

这指的是侵入敌方领空进行进攻性的空中作战。这种任务模式不仅仅限于战斗机以空空导弹打击对方的战斗机，也包括了使用对地打击弹药打击敌方的各节点和枢纽。

5. 压制敌人对空防御

此任务旨在压制对方的雷达和防空导弹系统。这类任务最适合的武器就是反辐射导弹和精确制导炸弹。

6. 电子支援

电子支援任务的核心就是压制对方的电子空间，例如导航、通信、指挥、电子操作和电子作战。若与对方爆发了电子战，电子战机（EA）还得进行反制和牵制。在现今信息化和数字化的战场上，电子权直接决定了战役的走向。

7. 战术空中侦察

战术空中侦察指的是战役级别的侦察行动，这一行动也是为了给下一步的打击行动提供指引。就像我国空军发展出了歼侦-8型战术侦察机，就是为了监视台湾陆军的运动,给空军其他机种的精确打击提供可能。

8. 空中早期预警

空中早期预警由预警机完成,预警机可以充当战术编队的眼睛和大脑。在海湾战争时期,美国空军出动E-8"联合星"战场监视机和E-3A"望楼"预警机,完成了对地面目标、空中目标的搜索和引导己方打击的任务。

可以说,现代的预警机已经完全融入了作战体系,成为不可分割的一部分。

以上作战任务都是美国海军航母打击大队的特色。这些战术战法看似并不强大,但是对于当时的我国军队来说,实在是一个庞大的威胁,我军还没有足够的手段去应对。

所谓"知耻而后勇",尝尽了武器和体系落后苦头的中国人民解放军,自然不甘心久居人后。

台海危机时期,正在台湾海峡炫耀军力的美国海军航母(旁边是一艘综合补给舰)

单论防空作战,052C级导弹驱逐舰远强于"阿利·伯克"级Flight IIA

进入21世纪后，我国加大军队建设力度，先后建造了大批性能优良的作战舰艇。以052C型导弹驱逐舰为例，自2003年下水以来，就跳进了世界十大驱逐舰的行列，其搭载的346型有源相控阵雷达领先了美国至少10年，若不是2016年DDG-1000导弹驱逐舰下水，美国和中国的差距还将继续拉大。

空军方面，歼-20战斗机的服役，让我国空军在短时间内获得了对美国战机的压倒性技术优势。如歼-20战斗机总工程师杨伟院士所述，歼-20战斗机是我国现役最先进的战斗机。相比国外的F-22战斗机、T-50战斗机、F-35联合攻击机，有着态势感知、武器打击、超远距离的直接打击等多项优势。现在，我国的反航母作战体系，由天基卫星系统（侦察、跟踪、预警）、空基战斗机群（侦察、搜索、引导、跟踪、打击）、陆基投射系统（反导、打击、预警、指挥）、海基战斗编队群（跟踪、引导、打击）四大部分组成。四大部分作战方面的流程分两个：

1. 搜索-跟踪

美国航母虽然排

"卓越之星"奖章是巴基斯坦最高的荣誉，一直以来都只授予给对巴基斯坦做出了巨大贡献的人。杨伟院士能得到这个荣誉，说明"枭龙"战机对巴基斯坦来说是非常重大的一项科研项目。"枭龙"战机的成功，也让巴基斯坦跨入了"具备研发第三代战斗机"的能力。

杨伟院士毕业于我国知名学府西北工业大学，先后获得了中央企业十大杰出青年、中国青年五四奖章、伊斯兰堡（巴基斯坦首都）"卓越之星"国家奖章（由巴基斯坦总统马姆努斯·侯赛因亲自颁发）。

杨伟院士喜爱科研，富有上进心和求知欲，在毕业后投入我国诸多科研项目当中。现今，杨伟院士除了给祖国和友好国家递交了一份满意的作品（歼-20战斗机和"枭龙"战斗机）外，还在主持我国下一代战斗机的预研。

巴基斯坦总统给杨伟院士授予"卓越之星"奖章

杨伟人格的修养,事业的成功,离不开我国第一代科研代表人物宋文骢院士的教导。早在杨伟毕业时,就开始在多次研讨会上表现出了新一代科研人员敢于创新,勇于开拓的精神面貌,这点深受宋文骢院士的喜爱。但是,我国当年也同样面临着航空业发展迟缓,军事研究受限于经济的困境。很多科研人员都难以忍受这种环境,都选择退出转业或者出国发展。杨伟也不例外,他也曾想出国就业。但是就在这个时候,宋文骢院士放下忙碌的工作,多次找他谈话,重建他对祖国航空发展的信心,磨炼他对未来工业发展的意志,并且将国家某重点科研项目的工作交于他主导。

宋文骢院士于2016年3月22日13点10分在北京301医院逝世,享年86岁。杨伟院士专门撰写了悼文,缅怀与自己"亲似父子"的恩师。

宋文骢院士是我国航空科学技术领域的优秀带头人,曾从事歼-8、歼-7C、歼-10飞机的研制,是中国飞机设计战术性能气动布局专业组创建人之一,建起了中国第一个航空电子系统研究室。2010年,当选为2009年度"感动中国"十大人物。宋文骢院士除了教导出一批类似杨伟院士那样的科研巨匠,自身也研制出了一款媲美美制F-16战斗机的歼-10战斗机。正如美国著名军火公司洛克希德·马丁名下的臭鼬工厂代表人说的那样:"宋文骢是'中国先进战斗机之父',是他和他的学生,终结了我们的传奇(意为美制F-22战斗机和F-117攻击机)。"

水量高(近十万吨,福特是唯一一款超过十万吨的航母),信号辐射高,在茫茫大海上容易被雷达搜索到。但是由于其速度快,战术灵活,机动性好,指挥官经验丰富,只要合理运用战术,就能规避对手的跟踪,所以搜索-跟踪美国航母难度是非常大的。

苏联海军在鼎盛的时期,对于美国航母的跟踪,也做不到绝对的搜索-跟踪。这点在1981年8月的"北剑魔"军事演习当中暴露无遗。

1981年8月,美国海军"艾森豪威尔"号航母打击大队进入摩尔曼斯克的科拉半岛(苏联重要战略重地,至今仍是俄罗斯北方舰队的总部)沿海,进行了一场战略性的摸底演习。这场演习就是为了摸清苏联对打击航母的战术战法和后续事件应变和处理的能力。

在演习最初进行时,航母始终保持着射频辐射控制来规避苏联天基的被动搜索卫星(以搜集舰船的辐射信号来侦察航母所在的位置)。为了进一步诱惑苏联,航母打击大队分离了一支小型的舰队(该舰队由一艘"提康德罗加"级导弹巡洋舰和三艘"佩里"级护卫舰组成)前出,模拟航母的一切电磁特征（通信频段、雷达波段等）。舰载机起飞后就降低飞行高度，低空接近巡洋舰后再拉高，也是有意在给苏联三坐标雷达（雷达和目标之间的距离、目标的高度和方向三个坐标）一种"舰载机从航母起飞"的错觉。

当小型编队被发现时，苏联海军还是找不到航母的具体位置所在，大批从其他战区奔赴而来的图-9侦察机和图-22轰炸机也被F-14B型舰载机所拦截。反观"艾森豪威尔"号航母，在此期间多次模拟打击科拉半岛军事基地，而且自身在全场演习当中都未进入苏军反舰导弹覆盖距离内。

技术水平和战斗实力远在1996年的中国之上的苏联都如此，那么我国在当时要想发现目标就更难了。所以，围绕着如何搜索航母，我国便创立了一套独有的技术体系。

飞行在挪威海海域的图-95D型侦察机，这种飞机是苏联海军侦察航母、引导己方火力打击航母的重要组成

我国的"搜索-跟踪"体系，是在完善的情报搜索体系上发展而来的。首先，游弋在大洋上的核潜艇或者飞行在天空上的侦察机/预警机会在战区内巡逻（航母打击大队武力投送或者区域存在的能力是有限的，其防御圈为550千米~600千米）。这个距离对于航母本身来说，就已经处于战

区半径内，这也就意味着航母自身也有着被发现，被打击的风险。与俄罗斯相比，我国的地缘条件更好，没有俄罗斯那么漫长的边境线和出海口。美国航母若要打击我国的国土纵深，则势必要将位置向前突击。突进距离每向前进100千米，就多了更大的威胁。

按照我国预警机的搜索能力，空警-2000型预警机对海搜索距离是470千米（低空飞行剖面，精度高）~800千米（高空飞行剖面，距离广），空警-500对海搜索距离为530千米（低空飞行剖面）~910千米（高空飞行剖面）。多机协同搜索能在短时间内完成对纵深2000千米的搜索。根据我国战术规定条例，预警机在作战时，必须保持100千米的"安全距离"。所谓安全距离，指的是预警机与战线必须保持100千米。而负责警戒的护航战机，一般由歼-11和歼-10战斗机协同担任。

若航母在大海上，被我方搜索平台发现，陆基指挥中心便会以卫星对航母所在的海域进行精确搜索，当卫星搜索到航母时，则会定位。卫星定位的概念，就是整个航母打击大队的数十艘水面舰艇，都被定位。即使是想依靠机动规避卫星的定位，那也是相当艰难的（一般来说是做不到的）。

2. 打击

打击任务通常由海基和空基协同完成。陆基的反舰弹道导弹由于涉及"核武"层次，在使用方面会面临诸多的条约限制，而且为了将战争规模降低，反舰弹道导弹只会是在全面战争爆发或者我方损失惨重的情况下动用。所以，在此不予论述。

空基组织快，单个波次的投送火力密度大，而且可追击慢速航行（相对于战机来说）的航母编队，所以在打击之初，则是绝对的打击先锋。我国反航母作战，先是由预警机引导歼-20战斗机高速靠近敌方预警机，发射"鹰击"-91反辐射导弹击落预警机和为航母护航的宙斯盾舰艇。而后歼-20返航。在预警机和护航舰艇的战斗系统皆已失去作战能力之后，我方的空中打击群（轰-6轰炸机和歼-16多用途战斗机、"飞豹"战斗轰炸机为主，歼-11和歼-10战斗机护航）在电子侦察群（侦察机和电子机，由歼-11战斗机护航）的掩护下，以空射的"鹰击"-12反舰导弹和"鹰击"-100反舰巡航导弹对航母编队进行火力饱和打击。

航母编队后续的支援力量，则是由我方海基作战群实施打击。海基作战群通常组成：主力突击群、伴动打击群、火力支援群、反潜突击群、两栖作战群、后勤输送群等。

主力突击群由两艘001型航空母舰为核心，配以若干052C/D型导弹驱逐舰和054A型护卫舰、2~3艘093A型核潜艇。以火力投射当量计算，该编队第一波次最少能投射52枚反舰导弹。

国产下一代大型导弹驱逐舰的实验模型。此舰目前正在建造当中，其服役后将大大强化中国海军的作战能力

伴动打击群由1~2艘052C/D型导弹驱逐舰为旗舰，编以4艘956/956EM型导弹驱逐舰和若干053H型护卫舰，主要任务是提前打击航母编队，迫使航母编队改变作战计划，分散编队队形。以火力投射当量计算，该编队第一波次最少能投射56枚反舰导弹。

火力支援群由051C型导弹驱逐舰为旗舰，配以大量的022型导弹艇和若干053H型导弹护卫舰，协助伴动打击群打击，提高火力投射密度。该编队第一波次最少能投射208枚反舰导弹。

反潜突击群由051B型导弹驱逐舰为旗舰，配以两艘052型导弹驱逐舰和若干054A型导弹护卫舰。在反潜机和核潜艇、海底声呐阵列的配合下，保障对敌和其潜艇部队的压制和驱逐任务。

两栖作战群由071型船坞登陆舰和若干护航舰艇组成，用于对敌国土进行兵力投送。在重要的战略要地，部署陆基防御武器，占领和摧毁敌工业基地和军事基地。

后勤补给群是后方单位，负责为编队提供干货和液货设备。提高编队的海上持续战斗力。

第5章 走向未来:空战导弹武器的未来发展

5.1 近距格斗空空导弹展望

　　近距空空导弹作为战斗机近距离格斗的主要武器，其发展到现在必然面临着一个问题：那就是在可预见的将来，超视距空战是否会完全取代战斗机之间的近距离贴身格斗。或者换句话说，超视距空战是否会变得"万能"，近距离格斗是否会像肉搏被枪械射击取代一样被超视距空战所取代，只有理清楚这个问题才能继续谈近距离格斗空空导弹的未来发展之路——是继续蓬勃发展，还是像冷兵器那样被取代。

　　关于超视距空战是否万能这个问题，实际上各主要军事强国都已经给出了答案，美国、俄罗斯和中国等国家在战斗机空战训练与演习中，近距格斗仍然是训练中的大头，也是演习中最常见的战斗模式之一。虽然以 F-22 战斗机

隐形时代宣告了空中制胜时期的开始

航空打击是大国的独门绝技，图为接收空中加油的美国战略轰炸机

为代表的第五代战斗机凭借其隐形性能，曾经一度成为"超视距空战万能论"者的最佳论据，而且 F-22 在多次演习中面对 F-15 / F-16 等第四代战斗机都有过堪称惊人的表现——2005 年美国 Aviation News 杂志发文公布了某次演习中的一些情况：F-22 在对抗 F-15C 的演习中取得了 104∶0 的惊人战绩，对 F-16 也是一边倒的"屠杀"。而在后来对抗法国"阵风"战斗机、德国"台风"战斗机时也几乎是一边倒。

这些战果中绝大多数都是靠隐形取得的，很多第四代战斗机根本就没有发现 F-22 就被 F-22 用 AIM-120 中距弹干掉了。不过仔细一推敲，F-22 之所以能够在超视距空战中取得决定性优势，在于其"隐形对非隐形"的代差，本身双方的对抗条件就是不平等的，拿来作为"超视距空战万能论"的论据实在是站不住脚。而实际上，F-22 在拥有强大的隐形能力的同时，不但没有放弃对于机动性的追求，反而是更上一层楼——自问世之日起，F-22 就保持着"地球上机动性最强的喷气式战斗机"的头衔，机动性远远超越 F-15 等上一代战斗机（这一点与五代机为了隐形而牺牲机动性的观点完全相反），如果没有完全体的歼-20 跟 T-50 服役，恐

中国人依靠智慧和勤奋，终于以歼-20 的成功，宣告了美国第五代战斗机垄断时代的结束

怕还会一直保持着这个记录。

　　F-35虽然因为臃肿笨重而被吐槽机动性差劲，但是实际上F-35在开发的时候军方的要求就是"机动性不能低于第四代战斗机的水平"，因此，它虽然没有F-22的机动性那样惊人，但是也算说得过去，绝不像被贬低的那样。可见美国人就算是在五代机研制上有隐形这样一个独门秘技，但是却仍然没有放弃对机动性的追求，而中国跟俄罗斯的歼-20、T-50战斗机亦是如此。由此可见三个地球上的主要军事大国对"超视距万能论"的完全否定，其实原因也很简单，F-22在超视距空战上对F-15的巨大优势是建立在双方态势感知能力不对等的条件下。而一旦条件对等或者相近了，比如说F-22碰上歼-20，双方在远距离上互相不能发现对方，只有相距非常近的时候才能互相发现，而这个时候就已经进入到近距离格斗了。在四代机的对抗中，比如F-15对抗苏-30，双方在一定距离上就能发现对方，在射出中距弹的同时也会对敌方来袭导弹做出应对——启动电子对抗系统、释放干扰弹、机动规避等。这种情况下中距弹的命

第三代战斗机还是非常强调近距离格斗能力的。图为我国自行研发的歼-11B战斗机，机上搭载了我国自主生产的所有子系统，包括发动机

中率也是比较低的，最后很大概率仍然要进入近距格斗。因此，各主要军事大国仍然倾注了相当大的精力在战斗机机动性跟近距格斗上也是很正常的。

我国"飞豹"战斗机

了解了这些，我们就能知道近距格斗弹的未来了——在将来一段时间，近距格斗弹非但不会消失，反而还会愈发蓬勃，因为随着战斗机机动性的不断提高，对近距格斗弹的要求也会越来越高。

近距格斗弹发展至今，在气动外形等方面基本已经发展到了极致，未来的改进将集中在两个方面——导引头与发动机，而这之中，又以导引头最为重要。导引头是空空导弹的眼睛，很大程度上决定了空空导弹的有效杀伤区域。现代近距格斗空空导弹采用的都是红外导引头，它通过探测目标发动机的喷管、尾焰以及飞机蒙皮与空气摩擦加热所产生的红外辐射来获取导引信息。其中，以发动机喷管所产生的辐射为最主要来源，因为金属材料制成的发动机尾喷管能够更长时间地保持高温，而尾焰虽然可长达数十米甚至百米，但是实际"有效"的高位只有10米~20米，而且通过一些降温措施还可以使其迅速降温。这也是为什么战斗机格斗中非常注重"咬尾"的原因。不过，随着战斗机机动性越来越高，想要咬尾也越来越难，这时就要开始强调格斗导弹的"全向攻击"能力，不需要咬尾即可锁定。由于从目标敌机两侧锁定会受到导弹引信性能与机动性的限制，可行性很低，因此，从敌机前方（实际上是斜前方，原因后文会解释）锁定攻击的迎头攻击开始受到重视。不过从敌机前方锁定的话，由于红外特征远远小于尾部，导弹导引头的探测距离大大降低，甚至还不到咬尾时的20%。而且更致命的是，现在格斗弹大多采用锑化铟材料制作导引头，这种材料可以探测3微米~5微米波长的红外线。但是很不巧的是，敌机正前方的主要红外辐射偏偏不是这种波段，就如同人耳听不到超声波一样，锑化铟导引头也拿这种波段的红外线没办法，因此所谓的迎头攻击实际上是从敌机斜前方发起攻击。未来的改进方向是通过对现有材料的改进或者开发新材料，来拓宽可探测的波段范围。

除此之外，由于迎头攻击的锁定时间通常更短，而且现代战斗机机动性越来越强、越来越难以锁定跟踪——这就对格斗弹的红外导引头提出了更多新要求。红外格斗弹在射击之前必须要有一段时间对导引头进行预冷，预冷的目的在于排除其他热源对于导引头的干扰，预冷不当的恶果最典型的事例就是越南战争中响尾蛇导弹朝太阳飞，包括AIM-9早期版在内的老式格斗弹一大缺陷就在于发射前的准备工作（包括导引头上的陀螺转子启动和红外制导装置预冷）繁琐。预冷极其麻烦，步骤烦琐而且费时，大多数飞行员压根就没耐心预冷就把导弹发射出去，其结果就是导弹朝着太阳飞。现代空空导弹大大缩短了准备时间，有经验的飞行员可以把准备时间压缩在2秒~4秒之内，这已经是很了不起的进步了，但是对于越来越需要先发制人的空中缠斗而言，还应改进。

另外，导弹在锁定了敌机之后，还需要持续地跟踪，不能中途被甩开。导弹的机动性自然是没有问题，现代先进的格斗弹能达到50G~60G的过载，是战斗机的好几倍。那么成败的关键就在于红外导引头。关于导引头能否持续跟踪高机动性目标，主要有三个性能指标：瞬间视野、视野和导引头角速度。瞬间视野就是导引头能够看得到的范围。瞬

寄托着很多人空战情怀的F14"雄猫"战斗机，他是《壮志凌云》中汤姆·克鲁斯驾驶的战机，所搭载的最致命武器就是"不死鸟"空空导弹，编号AIM-54

间视野太小，就需要不断转动导引头，不仅费时，也容易跟丢目标，但是太大了会导致背景噪声干扰更多，对于未来的格斗弹来说这是一个需要取舍的过程。视野是导引头在万向架上活动的范围。看到的范围再大也不可能达到360°，仍然需要转动导引头，所以不仅导引头转动范围很重要。还有另外一个性能也很重要，那就是导引头角速度。打个比方，瞬间视野就相当于人肉眼能够看到的范围，视野跟导引头角速度就是人眼球能够转动的范围与速度。这三项指标是红外导引头最主要的指标，尤其是随着迎头攻击的提出，这三项指标会越来越重要，也是未来格斗弹红外导

引头主要的改进方向。

5.2 超视距空空导弹的未来

超视距空空导弹的出现与发展，与机载雷达技术的进步是脱不开关系的，正是由于机载雷达技术的出现，让战斗机的可探测范围从人类肉眼可视距离的桎梏中解脱出来，同时也催生了超视距空战的发展。超视距空空导弹，可以粗略分为中距空空导弹，如AIM-7"麻雀"；远程空空导弹，如AIM-54"不死鸟"（这种分类方法其实不严谨，不过此处为了行文方便，姑且称之）。

在经历了早期中距空空导弹的"群魔乱舞"之后，AIM-7"麻雀"导弹的出现意味着中距空空导弹达到了勉强成熟的阶段。之所以说是"勉强成熟"，主要因为AIM-7在越南战争中的表现依然很差劲——命中率不到10%。早期的中距空空导弹大多如此，有着命中率低、射程近、操作麻烦等这样或那样的问题。同其他导弹一样，中距空空导弹发展到今天，相比于其前辈，其主要改进方向也是集中于两个方向，那就是导引头与发动机。

以AIM-7为代表的早期中距空空导弹大多采用的是半主动雷达制导，半主动雷达制导需要有一台照射雷达持续不断地用波束照射目标，中间不可中断，然后导弹即循着照射波束攻击目标。这种制导模式在几十年前还算比较靠谱，但是仍然存在着很大的不足，如雷达必须持续照射目标，不可中断，这就要求战斗机在发射完导弹之后还必须为导弹提供持续的引导，如果期间敌机启动电磁干扰，进行剧烈的机动规避使我机无法继续引导，或者说发射导弹使我机为了规避不得不放弃引导的话，导弹就会变成"无头苍蝇"。总而言之，半主动雷达制导的限制太多，正因为如此，主动雷达制导登上了历史舞台。

主动雷达制导的不同之处在于，导弹自己也有一个小型雷达导引头，可以自己发射雷达波束照射追踪敌机，而战斗机在发射完导弹之后就可以自行离开，简而言之就是具备了"发射后不管"的能力。因为主动雷达制导比半主动雷达制导优秀太多，所以各国新型中距空空导弹都采用了主动雷达制导，如美国AIM-120导弹、俄罗斯R-77导弹、中国"霹雳"-12导弹以及欧洲"流星"导弹。

现代科技的大集成——无人作战飞机，其主要武器仍然为导弹。图为我国研发的世界顶尖水平的察打一体无人机——"云影"，其主要特征在于可以发射反舰导弹进行对海作战

如果各位读者仍然无法理解半主动雷达制导与主动雷达制导的工作模式，笔者可以给大家打个比方——假设某基地有两个哨塔，一日晚上有人闯入基地，哨塔甲打开大功率探照灯指向可疑方向，然后命令一名警卫循着灯光去抓捕，这就相当于半主动雷达制导；而哨塔乙呢，用探照灯指向可疑方向之后，也是命令警卫去抓捕，但是不同之处在于警卫自己也有一个小手电筒，因此不需要哨塔上的探照灯转来转去，自己就可以打开手电筒去查看可疑地方，这就相当于主动雷达制导。

不过，现代中距空空导弹的弹载雷达，其性能是远远不如机载雷达

导弹广泛地应用在现代航空兵器上，反潜巡逻机也可以搭载航空导弹。图为日本的P-1反潜巡逻机

的，这就好比手电筒比不过探照灯一样。导弹的直径、空间和供电能力直接制约了雷达导引头的性能，在发射功率、接收机灵敏度、探测距离和抗干扰能力等几项主要性能指标上弹载雷达都要差很多。一般来说，现在的中距空空导弹主动雷达导引头的探测距离都不超过20千米，扫描范围也受到限制（AIM-120C-5为±70°）。而未来的改进方向自然也就是集中在这些方面。

此外还有一些值得讨论的问题，例如，现在的中距空空导弹主动雷达导引头，基本上用的都是机扫多普勒雷达，在战斗机领域，相控阵雷达取代机械扫描雷达也是大势所趋，但是在中距空空导弹上面却还没有太大动静。唯一的例外是日本的AAM-4B空空导弹，该导弹由日本三菱公司研制，又称"99"式导弹。该导弹最大的亮点就在于采用了有源相控阵雷达作为导引头，日本方面因此也是大肆吹嘘，称AAM-4B是世界上第一种采用有源相控阵雷达的中距空空导弹。然而实际情况却出乎意料，虽然采用了先进的有源相控阵雷达，但是AAM-4B的雷达在测试中却出现了很多堪称"诡异"的问题，首先就是视野范围狭小，被讽为"斗鸡眼雷达"；其次就是导弹重量超重，AAM-4B重量超过220千克，在同类产品中确实是比较重的，究其原因就在于有源相控阵雷达虽然性能出色，但是对于电力供应也要求更高，为了满足这个"电老虎"，不得不增加供电设备，由此就导致了导弹超重……曾经的吹嘘与最后蹩脚的性能让AAM-4B彻底沦为了一个笑话。

不过AAM-4B也以"反面教材"的身份为我们揭示了有源相控阵雷达的缺点，它太耗电，需要更多供电设备(尤其是对于重量要求堪称寸克寸金的空战武器来说)；同时也太昂贵(尤其是用在一次性的导弹上)，这也是为什么现阶段各国均没有采用相控阵雷达作为中距空空导弹导引头的原因。不过，相控阵雷达相比于传统机扫雷达的优势

日本航空工业较为落后，迄今能够完全自主生产的只有T-4教练机这样的小型飞机

航空工业相当考验综合国力，图为性能差、进度慢的日本第五代战斗机验证机"心神"。其战斗力比起我国的两款五代机差之千里，研发进度更是比我国延迟了数十年，这体现出中日两国的航空工业总体差距较大的现实

仍然是非常明显并且极其诱人的，随着技术的进步，上述问题终将得到解决。相信有一天，以相控阵雷达为导引头的中距空空导弹能够成熟并且大规模列装各国军队。

除此之外还有一个需要讨论的问题——虽然主动雷达制导相比半主动雷达制导有非常多的优点，但是主动雷达制导也不是完美无缺的，在有些领域仍然是半主动雷达制导更占优势。正因为如此，将主动雷达制导与半主动雷达制导结合起来的复合制导，也成了需要讨论的议题。在防空导弹方面，美国的"标准"-6防空导弹就已经采用了复合制导，将主动雷达制导与半主动雷达制导结合在一起，一般情况下使用主动雷达制导，但是在必要的时候也可以选择半主动雷达制导。虽然增加了操作复杂性，但是保留了两种制导模式各自的优点。因此这也是未来空空导弹的发展方向之一。

不过，与导引头相比，对于中距空空导弹而言，在动力方面的改进可能更加重要。因为中距空空导弹跟近距格斗弹不一样，其对射程是有非

我国研发的歼-31战斗机，这是我国第二款自主五代机，总体性能领先"心神"很多

常高的追求的。早期 AIM-120 导弹最大射程只有 50 千米左右，而最新的改进型 AIM-120D 射程则达到了惊人的 180 千米，翻了几番，这就是得益于动力系统的改进。

在了解中距空空导弹的动力系统之前，首先要搞清楚一个概念，那就是中距空空导弹的射程问题。中距空空导弹的飞行距离，实际上可以分为两个部分：主动段和被动段。主动段就是导弹发动机工作时飞行的距离；发动机燃料耗尽、停止工作之后，导弹依靠惯性继续飞行，这一段就是被动段。虽然被动段导弹的舵面仍然可以工作，但是由于发动机已经熄火，导弹实际上是无动力依靠惯性飞行状态，因此导弹速度只会越来越慢，杀伤效率大大低于主动段。像美国 AIM-120C-7 导弹，最大射程 120 千米，但是实际上动力射程不到 50 千米。如果是针对轰炸机、运输机这种低机动性目标的话，导弹即使是无动力滑翔仍然有比较大的概率击落敌机，因此这个时候 100 多千米的射程还是有意义的。但是对于高机动性的战斗机而言，就必须尽量在动力射程内接敌，这种情况下 100 多千米射程的数据毫无意义，此时发挥作用的是导弹的动力射程跟机动包线。正因为如此，延长导弹的动力射程就非常有意义了，要想提高动力射程，目前来看还是需要依靠延长发动机的工作时间，而就现在而言，主要的技术就是两种——多脉冲发动机跟冲压发动机。

多脉冲火箭发动机，通过多次点火技术来多次产生推力，多次点火的时机要配合制导，根据需要来决定是点火还是保持无动力滑翔，最大程度上优化或延长主动段飞行距离。目前，应用双脉冲发动机典型的代表是美国的 AIM-120D 导弹及欧洲的"流星"导弹。其工作方式是：发动机点火，导弹飞行一段距离之后，第一节发动机停止工作，此时导弹无动力滑翔，依靠惯性飞行一段距离之后第二节发动机点火，导弹即可继续飞行，至于滑翔多长距离之后第二次点火则取决于具体情况。以前，只有液体火

箭发动机才能实现多次点火，但是现在通过在推进剂药柱间分段安装隔离层或是分室安装就可以实现固体火箭发动机的多次点火。显然，多脉冲发动机相比传统发

巴基斯坦空军装备的三款飞机，中间是我国出口的FC-1"枭龙"战斗机，可装多种导弹、炸弹

欧洲"流星"空空导弹作为欧洲导弹公司的得意之作，直到今天也只有瑞典的"鹰狮"战斗机使用。

动机要优秀得多，以"流星"导弹为例，最大射程超过150千米，但是动力射程超过了80千米，比AIM-120C远了不少。多脉冲火箭发动机已经受到了各国的青睐，除了AIM-120D和"流星"，其他国家也在纷纷研制此种发动机的空空导弹，未来必然会成为普遍装备。

除了多脉冲发动机以外，另一个选择就是冲压发动机。它通过吸入空气中的氧来助燃，而不是像火箭发动机一样自带氧化剂，因此，同样大小的空间里可以装更多燃料，发动机可以工作更长时间。不过，冲压发动机此前大多用于远程空空导弹，比如大名鼎鼎的AIM-54"不

"流星"空空导弹

死鸟"导弹。

AIM-54"不死鸟"导弹是远程空空导弹的经典之作，作为著名的F-14"雄猫"战斗机的独门武器，创造了一段传奇。但是现在的问题在于，随着中距弹射程的不断增加，远程弹的地位开始被撼动了，像"流星"跟AIM-120D的最大射程都达到了150千米～180千米，这已经跟AIM-54"不死鸟"导弹的最大射程相当了（"不死鸟"导弹最大射程大约150千米～200千米，同时期的苏联远程空空导弹差不多也是这个数），那么远程空空导弹是否还有必要继续发展呢？

远程空空导弹在研制之初，是截击机用于超远程拦截侦察机、轰炸机，跟用于战斗机空战为目的而研制的中距弹有一定区别。虽然现在专业截击机式微，截击轰炸机与侦察机的任务也越来越少了，但是进入新

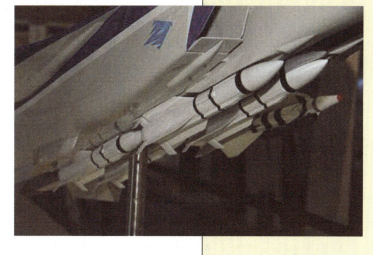

远程空空导弹还会占有重要位置

时代之后，超远程打击敌预警机、电子支援飞机等重要飞机的作战要求呼之欲出，这将对远程空空导弹提出新要求。据报道，俄罗斯的KS-172远程空空导弹号称最大射程可达400千米，可用于

苏–35跟米格–31战斗机。可见，中距弹在射程大幅度增长之际，远程弹也并没有闲着。曾在网络上流出的一张中国歼–16战斗机挂载某未知型号的超大尺寸空空导弹的照片，引爆了各大论坛。经过分析，该导弹最大射程可能达400千米，属于典型的远程空空导弹。

就现在发展局势来看，远程空空导弹不但不会消失，反而有可能随着新的作战需求而焕发新的活力。

5.3 空对地/舰导弹的发展展望

空对地/舰导弹作为战斗机、轰炸机、攻击机（中国称为强击机）和武装直升机最主要的对地/海攻击手段，发展至今已是"百花齐放"，型号极其繁杂，甚至分类都很难分清楚。不过，仔细梳理一下几十年来空对地/舰导弹的发展之路，我们还是可以得出其几个主要的发展方向。

1. 发射后不管

早期的机载反坦克导弹大多数采用有线指令制导，其利用导弹拖曳的导线传送制导指令，控制导弹飞向目标。飞机上设有指挥站，它测量目标和导弹的运动参数，并将导弹的运动参数同目标的运动参数（或事先装订的飞行程序）进行比较，根据选定的制导规律形成制导指令，通过指令传输装置（也就是导弹后部拖曳的导线）发送到导弹上。导弹接收到的信号经过变换、放大，送给执行单元，执行单元根据指令调整导弹的飞行方向，最后使其接近或命中目标。

这种制导模式多用于早期武装直升机机载反坦克导弹上，如美国陶式反坦克导弹、中国"红箭"–8反坦克导弹等。它不仅限制了导弹的射程跟飞行速度，而且载机还必须持续引导操纵导弹飞向目标，更要命的是，由于拖着一根导线，导致导弹离心速度不能太快，因此有时候载机的制导过程可能长达20秒，其间不能做其他事，必须专心引导导弹，甚至都不能做比较大的机动。这种弊端颇大的制导方式在新的制导模式出现之后就被打入冷宫，新的制导模式包括无线电指令制导、激光指令制导、激光驾束制导等。不过最主要的还是激光半主动制导。

激光半主动制导的过程类似于前面提到的半主动雷达制导，只不过照射器由雷达变成了激光。这种制导模式相比有线指令制导，大大解放了载机，因此在一段时间内大行其道，美国早期版"地狱火"、中国AKD-10反坦克导弹都是采用这种制导模式。不过激光半主动制导仍然需要载机提供持续照射，而要做到发射后不管，就必须使用毫米波主动雷达制导了。

主动雷达制导的反坦克导弹主要有美国的AGM-114L"地狱火"、AGM-65"小牛"（又译"幼畜"）跟英国的"硫磺石"反坦克导弹。目前中国武直-10、武直-19的AKD-10和AKD-9仍然采用的是激光半主动制导，但是中国在2016年珠海航展上已经展出了使用毫米波雷达制导的"蓝箭"-21机载反坦克导弹。随着中国空军射程更远的"鹰击"-20巡航导弹的服役，解放军防区外打击能力已经有了质的升级。在新时代的战争中，如何确保导弹融入打击体系，是亟待解决的难题。

2. 防区外打击

所谓防区外打击，就是在敌防空火力(高射炮跟地对空导弹)的有效射程之外发起攻击，说白了就是我够得着你你够不着我，这种打击方式能够大幅度提高载机的安全性，因此多年以来一直被提倡。想要实现防区外打击最首要的就是增加空对面导弹的射程，像中国轰-6K轰炸机挂载的KD-20巡航导弹，射程超过1500千米，这就是防区外打击的典型利器，正是依托这种远程空对面导弹进行防区外打击的作战方式，让轰-6（当然也包

最早的空袭是从飞机上扔炸弹，真的是扔

括B-52H和图-95MS）这种几乎不具备突防能力的大中型轰炸机依然能够发挥巨大的威力。不过这是属于战略层面的空对面导弹了。

战役层面的空对面导弹典型代表是中国KD-88导弹、美国改进型AGM-84"斯拉姆"导弹和俄罗斯改进型KH-59导弹，不过随着新型远程地对空导弹性能的增长，它们的射程也有些力不从心了。中国前几年展示的外贸CM-802AKG导弹射程达280千米，而美国JASSM导弹、欧洲"风暴阴影"导弹的射程都超过了300千米，显然防区外打击空对面导弹也在随着敌人的进步而进步。鉴于CM-802AKG只是外贸导弹，而中国仍然使用的KD-88导弹和随苏-30MKK战斗机一起引进的俄罗斯KH-59导弹的性能现今已有些不适用，我国军队也必须仔细考虑列装新型空对面导弹了。

3. 提高突防能力

提高空对面导弹的突防能力，现在来看出现了两大门派：一派为隐形派。以欧美为代表，美国的JASSM导弹、欧洲的"风暴阴影"导弹和

"金牛座"导弹，具备了一定的隐形能力。据观察，俄罗斯也在这方面做了尝试。俄罗斯KH-55巡航导弹的最新改进型就可以明显看出做了一定的隐形化处理（不过最多也只能称为半隐形）。另一派就是以俄中等国为代表的超声速派。俄罗斯KH-31导弹就是典型的超声速空对面导弹，而中国也在前几年向巴基斯坦推销一种名为CM-400AKG的超声速空对面导弹（可挂载于FC-1"枭龙"战斗机下）。就连印度现在也在考虑为苏-30MKI战斗机拓展挂载空射版"布拉莫斯"超声速导弹的能力（"布拉莫斯"导弹美其名曰是俄印联合研制，实际上就是印度花钱买的俄罗斯P-800"宝石"/"缟玛瑙"导弹的技术）。

印度人视"布拉莫斯"导弹为对付中国航母

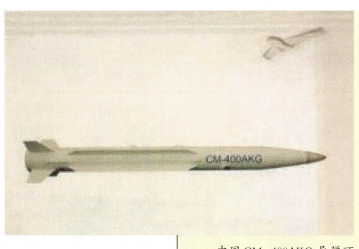

中国CM-400AKG导弹可由"枭龙"战斗机挂载

美国JASSM"贾斯姆"导弹具备隐形能力。由于其性能优越，美国不仅继续改进为JASSM-ER增程型，射程由300千米大幅增加至800千米，而且还在其基础上研制了LRASM型反舰导弹，计划取代现役的"鱼叉"反舰导弹。

美国JASSM"贾斯姆"导弹

的撒手锏，或许对于巴基斯坦来说，CM-400AKG也是对付印度航母的撒手锏。

目前来看，隐形派跟超声速派还是分立两山，没有谁压倒谁的趋势，至于到底谁更好用，恐怕也只能在战争中去检验了。

印度苏-30MKI战斗机机腹挂载一枚"布拉莫斯"导弹